拡声器付き聴音機

本書の翻訳にあたり物理学にかんしては、勝田龍太朗氏に、
音響システムにかんしては、石田 功氏に
ご教示賜りました。

「音」の秘密

原理と音楽・音響システム

スティーヴ・マーシャル 著　山崎正浩 訳

創元社

キムへ
編集とグラフィックを担当したWooden Booksのマット・ツイードに感謝したい。なお、姉妹書のアンソニー・アシュトン『ハーモノグラフ』(創元社、本シリーズ)が調律の複雑さについて扱っている。本書で取り上げたテーマを扱った参考文献には以下のものがある。ヘルマン・フォン・ヘルムホルツ (1863)『音感覚論』. ジョン・ロビンソン・ピアース (1983)『音楽の科学―クラシックからコンピュータ音楽まで』. F・アルトン・エベレスト、ケン・ポールマン (2014)『Master Hand-book of Acoustics』.

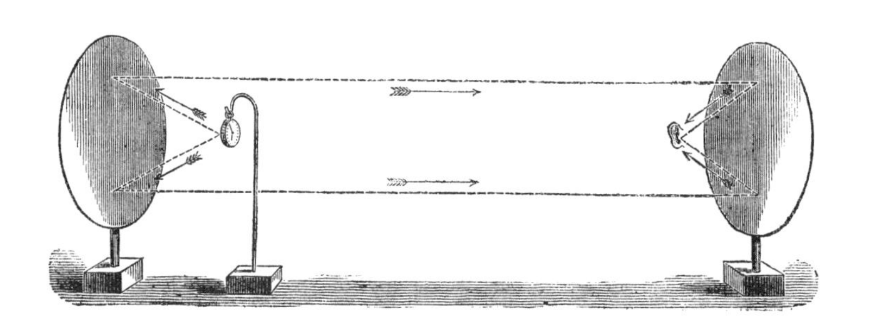

上：パラボラ反射板をペアにして使うと、音波を焦点に集めたり送ったりできる。遠くの鳥のさえずりなど、野生動物が発する音を録音するときにも使われる。反射板に当たった音波はマイクに集められる。第二次世界大戦では、イギリスの海岸に設置された直径約9mのコンクリート製パラボラ型音響反射鏡で、何キロも先の航空機のエンジン音を探知していた。前のページ：ロンドンのセントポール大聖堂にあるウィスパリング・ギャラリーでは、音波がドームの壁に沿って反射して進むため、ささやき声が回廊を伝わっていく。
扉絵：拡声器つきの聴音機

もくじ

上：音響学の講義。ガブリエル・リップマン（1845-1921）は、振動がガラスと金属棒を通って伝わることを示した。バイオリンが共鳴してアンプの機能を果たし、外部の音を室内に届けている。

※聖書からの引用は、新日本聖書刊行会発行の『聖書 新改訳2017』によりました。

はじめに

原子サイズの粒子から、銀河の渦巻、小宇宙から大宇宙まで、あらゆるものが振動と深く関わっている。我々が「音」と呼ぶものも振動であり、空気、水、金属などの媒質を伝わっていく。そして耳まで届いた振動は信号に変換され、脳がその信号を解釈するのである。

創造神話には音からはじまるものが多い。ギリシアの哲学者ヘラクレイトス（紀元前535-475）は、万物の背後には変化しないロゴスがあるとし、後の時代には、竪琴を発明したヘルメス（ギリシア神話の神）がロゴスの象徴として扱われた。ユダヤ教のメムラ（「ことば」の意）を、キリスト教ではすべてのはじまりとして扱っている。『ヨハネの福音書』には「初めにことばがあった。ことばは神とともにあった。ことばは神であった」（第1章第1節）と書かれている。

スーフィズム（イスラム教の神秘主義）では、人々を陶酔させる「抽象的な音」サウト・エ・サルマッドがあらゆる空間を満たしているとする。このサウト・エ・サルマッドは神秘的知識の根源であり源であると信じられている。神秘主義者たちは角、貝殻、鐘、銅鑼、海の音、蜂の羽音、鳥のさえずりを利用し、サウト・エ・サルマッドを聴けるよう訓練する。訓練を続ければ、サウト・エ・サルマッドは最も神聖で普遍的に存在する創造的な音「フー」へと進化する。フーは「ハム」という言葉として具体化する。

バガヴァッド・ギーターなどヒンズー教の聖典では、オームという音が創造神を表すとしている。道教の信者は「クン」を極めて重要な音として扱う。仏教徒は「オム・マニ・ペメ・フム」を唱える（六字大明呪）。

北アメリカのチェロキー族によれば、水晶の結晶が原初の音を奏で、その振動は今日のデジタル技術をも支配しているという。実際、現代のビッグバン理論によれば、宇宙が誕生した際の大爆発（ビッグバン）では超高温、高密度のプラズマ流体に、音波と同じ性質の波が生じていたと考えられている。この波は宇宙全体へと広がっていった。

音とは何か

まずはじめに

音は振動が伝わっていく現象だが、すべての振動が音として認識されるわけではない。通常、耳に聞こえる特定の範囲のものを音と呼んでいる。

音源（弾かれたギターの弦など）からの振動が空気中の分子を伝わってくるため、音が「聞こえる」のである。空気にはもともと弾性が備わっており、その分子は音源の動きに合わせて振動する。空気の分子は隣の分子に振動を次々に伝え、やがて鼓膜にまで振動が達する。耳では振動を電気信号に変換し、この信号が脳に送られて音として知覚されることになる（下）。

音波は目に見えない。そこで厳密さには欠ける例かもしれないが、池の水面を伝わっていく波や、大麦畑に風が吹いたとき麦の穂が描く波を思い浮かべて欲しい。個々の構成要素（水の分子や大麦の茎）は位置をわずかにしか変えないのに、池や畑全体に及ぶ動きが明確に見て取れる。この2つのケースは「面」という2次元でのたとえだが、音は3次元の空間のあらゆる方向に広がっていく。

宗教施設では、音によって驚嘆や畏敬の念が強められる。世界中の大聖堂、寺院、神聖な場所を調べると、特筆すべき音響特性を持っているものが多い（次ページの例参照）。

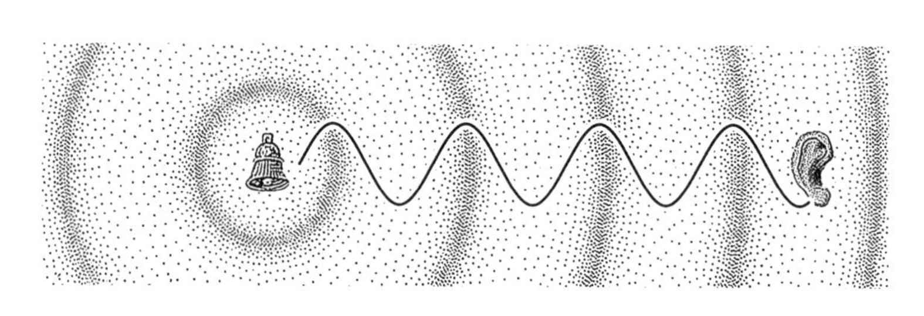

上：音響考古学の研究により、先史時代の壁画と音響の関係が明らかになった。フランスのヴェゼール渓谷に見られるような先史時代の洞窟壁画には、放牧中の牛の群れが描かれているものがある。そして洞窟内で石を打ち合わせると、平行な壁によってフラッターエコーが生じ、牛の蹄のような音がする。

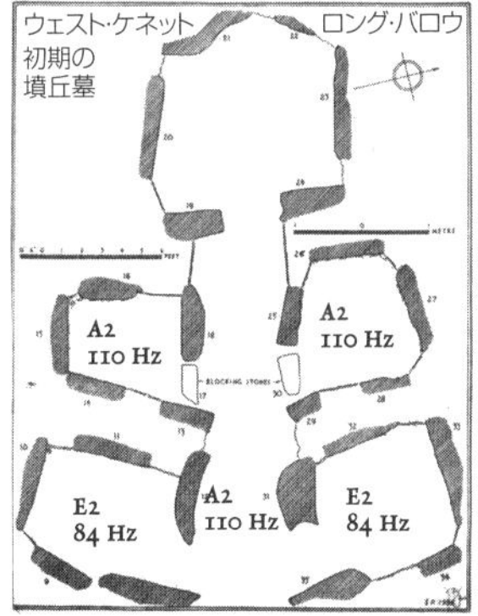

左上：角笛が脈動するようなリズムで吹き鳴らされ、エリコの城壁を破壊している。
右上：エーヴベリー近くのウェスト・ケネット・ロング・バロウ（紀元前3000年）の石室は、110Hzと84Hz（4:3）の完全4度で共鳴して響き合う。古代遺跡には10Hz以下で共鳴するものが多い。人間が聞き取れない超低周波音だが、脳に催眠効果をもたらし、何かが「存在」しているという印象を与える。変性意識状態や幻覚のきっかけになるのである。

シンプルな音

周波数と振動について

音を形作る中心的な要素の1つが、一見単純に見える正弦波である。例えば、前方に動いている飛行機のプロペラを横から見たとき、プロペラの先端部分が描く軌跡は正弦波になる。正弦波は円運動から生じる。正弦波で表される音を純音（自然界には存在せず、人工的につくるのも困難）と呼ぶが、これに近い音は、濡れた指でワイングラスを擦ると生じる。また、単振動する重りで正弦波を描くことができる。周期的な動きをする重りの位置を、時間を追って記録すればよい（次ページ右上）。

音の単位時間あたりの振動数、つまり周波数によって音の高さ（ピッチ）が決まる。ピッチが高い音は低い音よりも周波数が高く、音源が速く振動している。周波数の単位は、以前はサイクル毎秒（c/s）が使われていたが、現在は物理学者ハインリヒ・ヘルツ（1857-1894）にちなんだヘルツ（Hz）が使われる。1c/s=1Hzなので同じ値になる。他の国際単位系と同じように接頭語を使えるため、1000Hzは1kHz（キロヘルツ）になる（下）。

人間の耳が聞き取れるのは20Hzから2万Hzの間である。この範囲よりも低い超低周波音が、海の波、爆発、地震、地質学的な変化によって生じる。長距離を伝わる超低周波音は、地球の深部構造や石油鉱床の探索に利用される。逆に2万Hzを超える超音波は、病院での超音波検査、脆い品物の洗浄、部品についた目に見えない傷の発見、距離の正確な測定などに利用される。

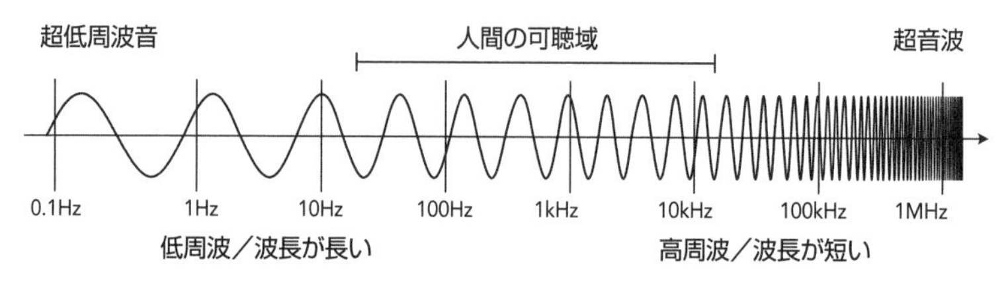

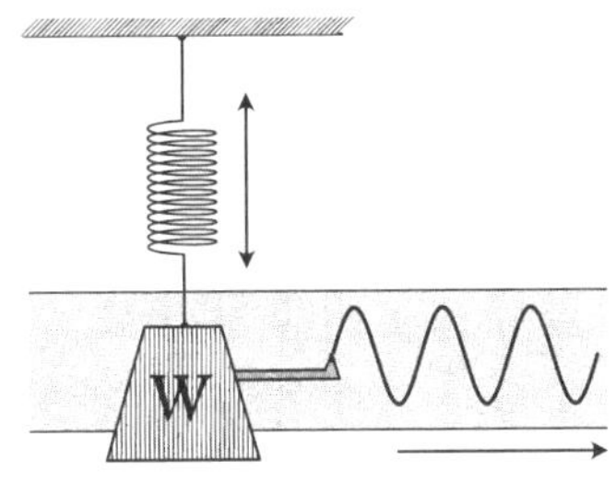

左上：濡れた指でワイングラスを擦ると、正弦波の純音に近い音が出る。
右上：バネで吊り下げられた重りが単振動する。後ろには一定の速度で記録用紙が動いており、重りにつけられたペンが正弦波を描く。

上：煤で黒くした円筒に、巨大な音叉によって生じる正弦波が描かれている。同様の仕組みのフォノトグラフが、世界ではじめて実際の音を記録した（再生は不可能）。フォノトグラフは、煤を塗ったドラムを回転させ、振動板に取り付けた針で線を描く仕組みだった。振動板は樽状の箱の端についており、音波で揺らした。

波形

振幅と波長

音は通常は目に見えないが、オシロスコープのような電子機器を用いると、波形などの特徴を明らかにできる。波の大きさを振幅といい、音の大きさとして認識する。波長は、繰り返される波のうちの1つ分の長さであり、ギリシア文字のラムダ（λ）で表す。波の速さが一定のとき、波長は周波数（4ページ）に反比例し、波の速さは波長と周波数の積になる（次ページ上段）。音の場合、$\lambda = \frac{c}{f}$ という式のcが音速、fが周波数になる。

個々の音はそれぞれに特徴的な波形を持つ。両端が開いた管の一端を吹くと正弦波が生じ、一方の端が閉じた管の開いた側を吹くと、うつろな感じの音がする矩形波が生じる。バイオリンなど、弓で演奏する弦楽器は鋸歯状波を生じる。粘着性がある弓の毛が弦を一方向に引き、弦が元の位置に戻ろうとするときに鋸歯状波が生まれるのである。これが1秒間に何度も繰り返されると、次ページ下段のような波になる。

山と谷が正反対の波（逆位相の波）を重ね合わせると無音になる（下）。ノイズキャンセリングヘッドホンはこの特性を利用している。マイクが周囲の雑音を拾い、山と谷を逆転させた音をつくる。この音を、ユーザーが聴いている音（楽曲など）と一緒に流すと、周囲の雑音だけが消えてしまうのである。

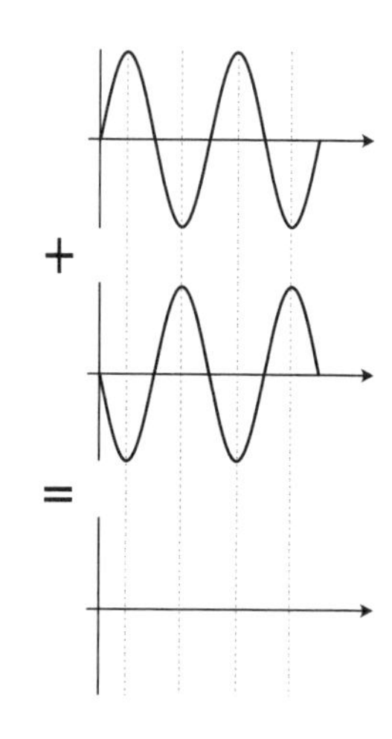

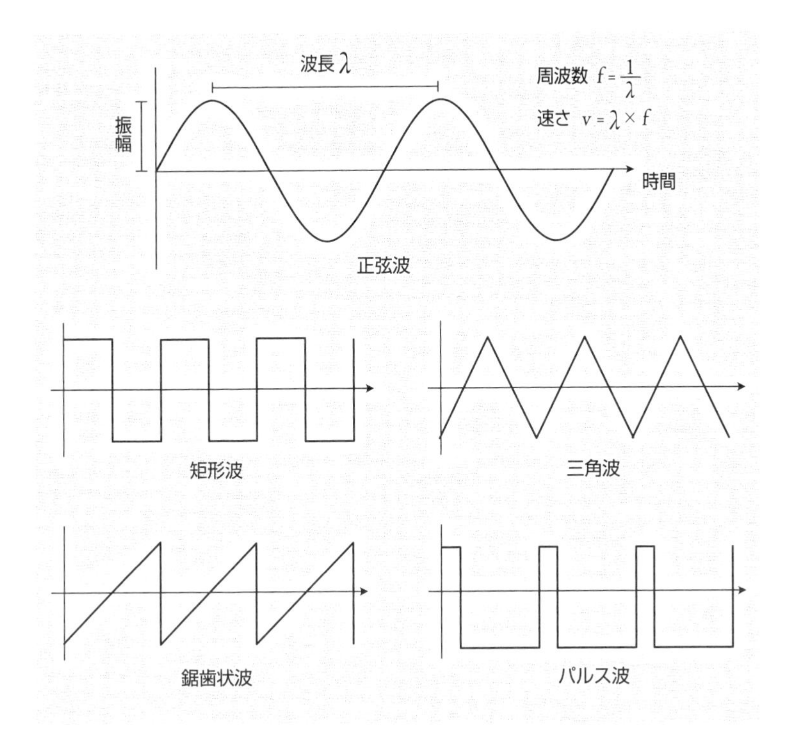

上：基本的な波形。時間とともに変化する振幅を示している。正弦波は音叉や静かに吹くフルートから聞こえてくる。一方が閉じた管を吹いたときの基音は、矩形波になる。ギターの弦の中央部分を弾くと、三角波に近いものが生まれる。弓で弦楽器を弾くと鋸歯状波が、サイレン用のディスクを回転させるとパルス波が生じる。

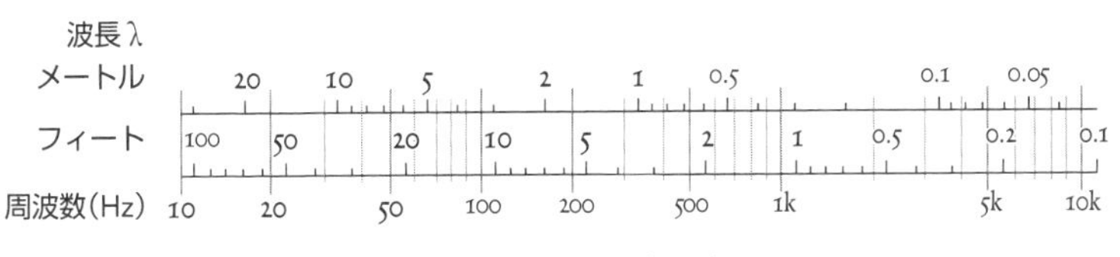

上：様々な周波数の音の波長

音速

およびソニックブーム

音の速さは常に同じなのではなく、どのような媒質を伝わるかで異なる。密度が大きい媒質ほど音は速く伝わるため、媒質が気体の場合に最も遅く、次に遅いのが液体、そして固体という順になる。20℃の乾いた空気中では343m/sだが、鉄の中は4994m/sで伝わる。また20℃の淡水中では1481m/sだが、淡水よりも密度が大きい海水中では1521m/sに達する。温度も音速に強い影響を与え、温度が高いほど速くなる。乾燥した空気を媒質としたとき、空気が0℃なら331m/sだが、100℃になると387m/sまで速くなる。また湿度が上がると音はわずかに速くなる。周波数、振幅、波長が原因となって音速が変化することはない。

さて、飛行機等が音速よりも速く飛ぶと、ソニックブームと呼ばれる衝撃波が発生し、家の屋根を壊したり窓ガラスを割ったりする（次ページ下段）。銃声には、銃弾が音より速く飛ぶことで生じた小さなソニックブームの衝撃音が含まれている。また鞭を鳴らしたときも、鞭の先端が音速を超えてソニックブームを発生させている。

音は光の100万分の1の速さでしかない。そのため、どれくらい遠くで雷雨になっているかを推測するには、稲妻が見えてから雷鳴が聞こえるまでの秒数を計ればよい。音は2.9秒で1km進むので、計った秒数を3で割れば何km遠くなのかが概算できる。

上：空気中では音の速さはどれくらいだろうか？ある実験では、事前に大砲と観測点の距離を測っておき、観測点で大砲を発射したときの閃光を見てから発射音が届くまでの時間を計った。距離をこの時間で割れば音速が求められる。

上：音の壁を突破する。音速（マッハ1）で飛行するとソニックブームが生じる。飛行機が大気中で音速を超えると衝撃波が生まれ、地上では轟音が観測される。これがソニックブームである。飛行機がさらに速く飛ぶと、飛行機の後から轟音がついてくるように感じられる。

耳

蛾から鯨まで

音は人間の脳でつくられている。人間の聴覚システムが空気の振動を電気信号に変換し、脳が電気信号を「音」として解釈するのである。

外耳の中でも柔らかい耳介（次ページA）は音を集め増幅して耳道（B）に送る。耳道は管状で、最も奥は薄い膜状の鼓膜（C）である。鼓膜が受け取った振動は槌骨（E）、キヌタ骨（F）、アブミ骨（G）という3つの小さな骨からなる耳小骨に伝わり、空気で満たされた鼓室（D）を横切る。耳管（H）は中耳と喉をつなぎ、鼓膜の内外の気圧が同じになるよう調整している。アブミ骨は卵円窓（J）を介して、液体で満たされた内耳につながる。卵円窓の下の薄い膜は正円窓（K）と呼ばれ、内耳内の液体が振動を伝えるのを助けている。液体によって振動は渦巻状の蝸牛（L、カタツムリの意）に伝わる。蝸牛には体のバランスや動きを把握するための三半規管（M）がつながっている。蝸牛の中には有毛細胞を持つ神秘的なコルチ器があり、振動を感知した有毛細胞は電気信号を発生させ脳に送る。

人間の耳は20Hzから2万Hzまでの周波数の音を聞き取れるが、より広い範囲の音を聞き取れる動物もいる（次ページ）。

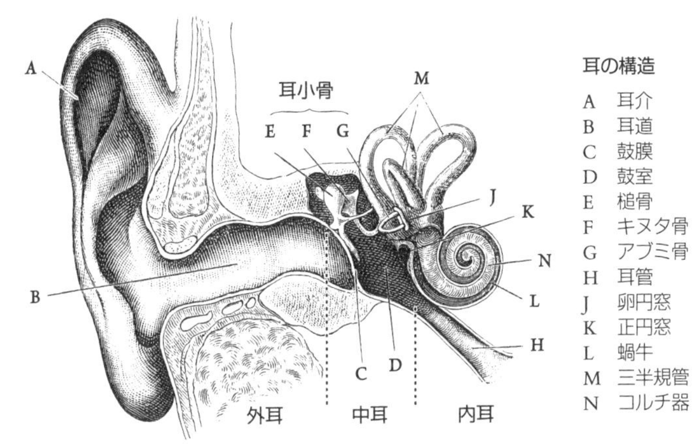

上：人間の耳の驚くような構造。複雑な形の耳介は、音が来る方向を判断するのに役立つ。耳小骨はインピーダンス整合を行い、空気中を伝わってきた振動が液体に伝わるのを助ける。コルチ器の中にある有毛細胞は、蝸牛の広い開口部で高周波の、狭い端部で低周波の音を拾う。

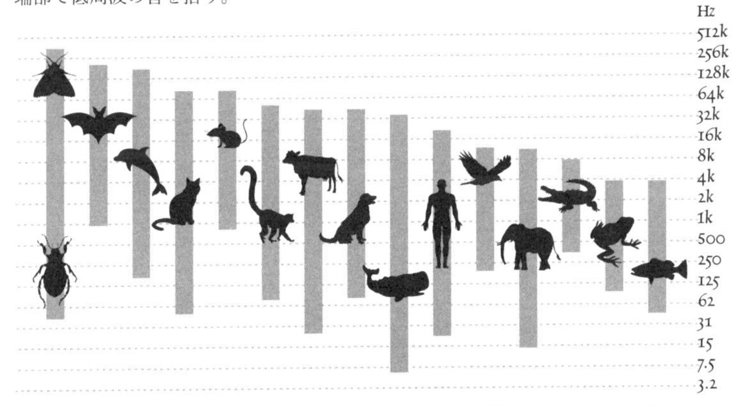

上：可聴域の比較。コウモリは最大200kHzまでの音を聞けるが、一部の蛾はコウモリを避けるため300kHzまでの音に対応している。象は14Hzから12kHzという驚くような可聴域を持ち、16km離れた場所で響く音を聞き取れる。海中では低周波の音はさらに遠くまで届き、ザトウクジラの鳴き声は160km先まで届く。シロナガスクジラは約10Hzの鳴き声を発し、最大1600km離れた仲間の声を聞ける。

音の大きさとデシベル

カサカサという音からロケットの発射音まで

音の強さ（音響インテンシティ）は、単位時間に単位面積を通過する音エネルギー量として、1平方メートル当たりのワット数（W/m^2）で表す。

人間の耳は非常に敏感なため、数百万種類の強さの異なる音を識別できる。音響インテンシティレベルは一般に最小可聴音（10^{-12}W/m^1）を基準値とし、この値との比の常用対数で表す。対数を用いることで、値の広い範囲に対応している。デシベル（dB）という単位を用い、最小可聴音を0dB、10倍強い音は10dB、100倍強い音は20dB、100万倍強い音は60dBと表現される。最小可聴音よりも弱い音は負の値になり、$\frac{1}{100}$の強さなら-20dBである。オーケストラは40dBから最大100dB（40dBの100万倍!）までの音を出せる。

音響インテンシティは、音源からの距離の二乗に反比例して減っていく。つまり鳴いている鳥までの距離が半分になると、鳴き声は4倍になる。距離が半分になれば6dB増え、距離が倍になれば6dB減るということになる（左下）。

音響機器では音量の標準的な尺度が必要とされ、音量単位（VU）が使われている。電気信号の二乗平均平方根を表示するVUメーターは、最大値ではなく平均レベルを示す（右下）。

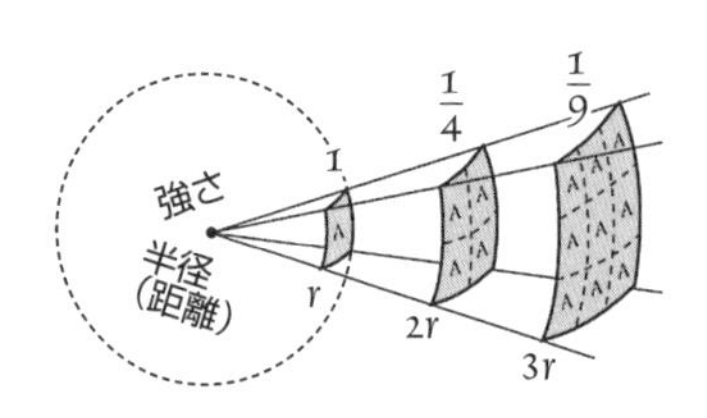

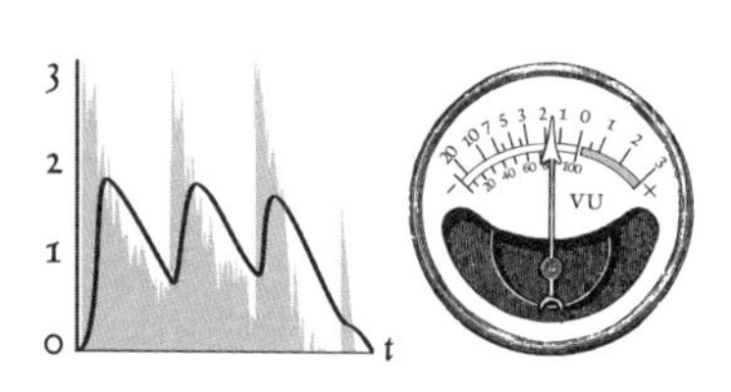

dB	
0dB	特に耳がよい人の可聴限界
10	耳がよい人の可聴限界
20	木の葉が擦れ合う音
25	静かな部屋
50	1m離れた人との会話
60	テレビから1mの地点
85	交通量の激しい道路から10mの地点
85	長時間さらされると聴覚障害を起こす
120	短時間でも聴覚障害を起こす
130	ジェットエンジンから100mの地点
130	苦痛を感じる限界
140	1m離れた位置での発砲
150	ジェットエンジンから30mの地点
180	噴火したクラカタウから160kmの地点
194	サターンロケットの発射

左：音響インテンシティレベルの例。下：記録された中で最大の音は、1883年にインドネシアのクラカタウで発生した大噴火であろう。4800km離れた場所でも聞こえるほど大きな音が生じた。64kmほど離れた位置にいた船の船長は「乗組員の半数の鼓膜が破れた」と報告し、モーリシャスでは「遠くで大砲の轟音のような音がした」と記録された。クラカタウから巨大な衝撃波が、あらゆる方向に放たれた。衝撃波は音速で移動し、世界中の気象観測所50箇所の気圧計で検知されている。衝撃波は5日間にわたり34時間ごとに観測され、地球を3から4周したと考えられている。

調律

古くからの問題

最古の調律の物語は、紀元前2000年以前に遡る。中国の皇帝は宮廷音楽家のリン・ルンに一組の鐘の調律を命じた。リンはまず縁起のよい長さ（基音を生む）の竹筒をつくり、次に、この竹筒の$\frac{2}{3}$の長さの竹筒をつくった。2番目の竹筒と最初の竹筒の振動数比は3:2で、2番目の竹筒は5度高い音を出す。さらに、2番目の竹筒の$\frac{4}{3}$の長さの竹筒をつくった。2番目の竹筒と3番目の竹筒の振動数比は4:3で、3番目の竹筒は2番目よりも4度低い音を出す。こうして5度高い音を出す竹筒から4度低い音を出す竹筒をつくるという作業（三分損益法）を繰り返し、2オクターブにわたって等間隔の音を出す竹筒12本をつくったのである。

十数世紀後、ギリシアの哲学者ピタゴラス（紀元前570年頃-紀元前480年頃）は、鍛冶屋のハンマーの心地よい音を耳にする（次ページ右）。そして七音音階のオクターブ（2:1）、5度（3:2）、4度（4:3）を認識し、ハンマーの形状や加わる力ではなく、相対的な重さがこれらの音と関係していることを発見した。

そこでピタゴラスは、同じ長さの弦を様々な重さの錘で伸ばしてみた（右）。4単位の重さで引き伸ばした弦に対し、錘が16単位の弦はちょうど1オクターブ高い音を出した。そして8単位と12単位の錘では5度、9単位と12単位なら4度の間隔になった。モノコード（次ページ上）で実験を繰り返すうち、弦の長さ、錘の重さ、音の高さがつくる単純な比がハーモニーの基盤を成しており、人間に耳に心地よく聞こえることに気づいたのである。

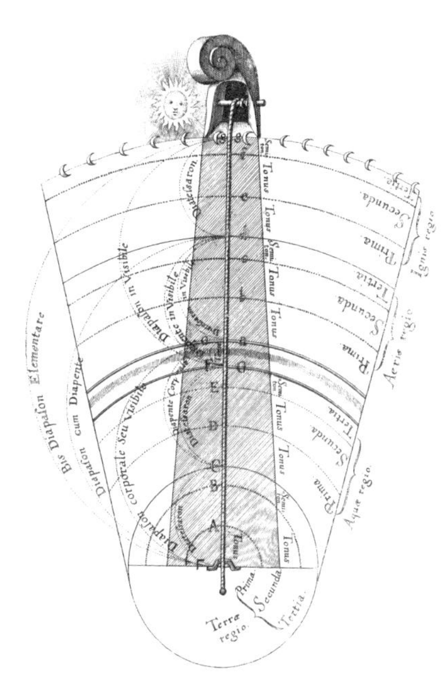

左：モノコード。弦は1本だけで長さと張力は固定されている。ブリッジは動かして調整できる。ブリッジで弦を2分割すると、分割しないときより1オクターブ高い音が鳴る。3分割すれば5度（分割前の弦と比べて3:2、1オクターブ上までの8つの音のうち下から5番目）、分割前の弦と比べて4:3になるよう分割すれば4度高くなり、この両者の振動数比は9:8で「全音」になる。分割前の弦と比べて5:4になるよう分割すれば長3度、6:5なら短3度である。

右上：鍛冶屋の前を通りかかったピタゴラス。中世の挿絵。**下：**中国で紀元前433年頃の墓から発掘された編鐘。漆塗りの枠に65個の青銅の鐘が吊るされている。半音階（12の半音からなる音階）で調律された世界最古の楽器である。鐘はA、A#、B、C、C#、D、D#、E、F、F#、G、G#、Aの音を出すよう調律されている。

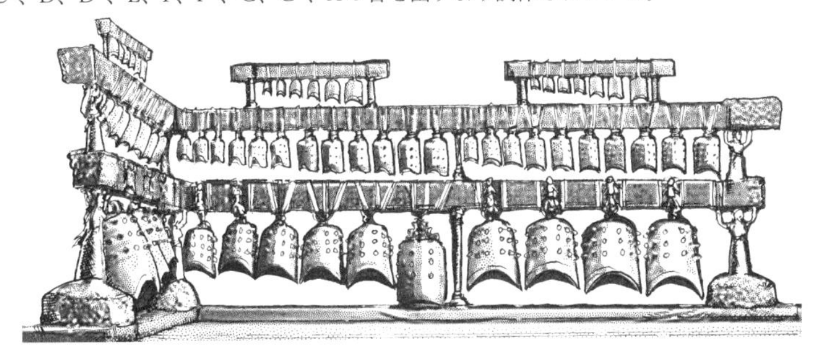

周波数とピッチ

低いものから高いものへ

周波数が他の音の2倍だと、「音は高いけれどよく似ている」と感じる。この2つの音の間を区切って音階をつくることができる。古代ギリシアに由来する音階は、7つの音を不均一な音程で並べる傾向があった。ある音から次の「よく似た」音までを1オクターブと呼び、七音音階なら7つ、五音音階なら5つ、十二音音階なら12の音が含まれる。ピタゴラスはリン・ルンと同様に5度の音程で音を並べたが、これを環状にして五度圏（下）の原形をつくった。

起点となる音を奏でる弦を3等分する。$\frac{2}{3}$の長さの弦と最初の弦の振動数比は3:2になり5度高い音が出る。これは$\frac{1}{3}$の長さの弦を弾いたときに出る第3倍音より1オクターブ低い音でもある。起点の音をCとして5度ずつ上がるとG、D、A、E、B、F#、C#、G#、D#、A#、F、Cと並ぶ。最後には7オクターブ高い音になるように思えるが、実際はそれよりもわずかに高くなる。この差をピタゴラスコンマ（下）と呼ぶ。

ピタゴラスコンマが存在するため、楽器を特定の「調」に合わせて調整し、その調で演奏する必要があった。この問題は、18世紀に十二平均律が普及するまで解決しなかった。十二平均律は今日では広く使われており、1オクターブを12等分している。音程がユニゾン（1度）とオクターブの場合以外、振動数比が整数比にはならないが、現実的な妥協案として機能している（19ページ）。

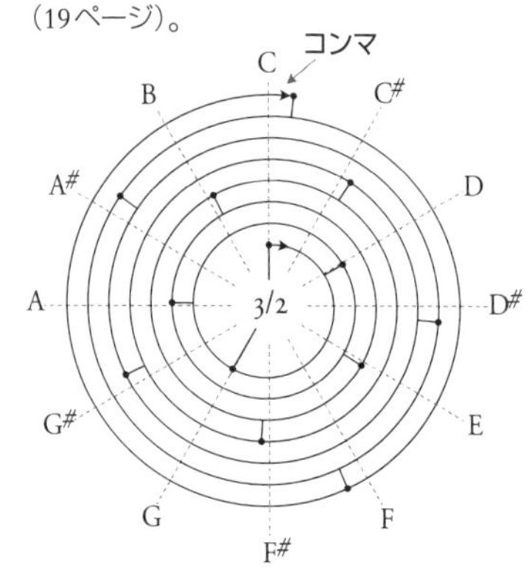

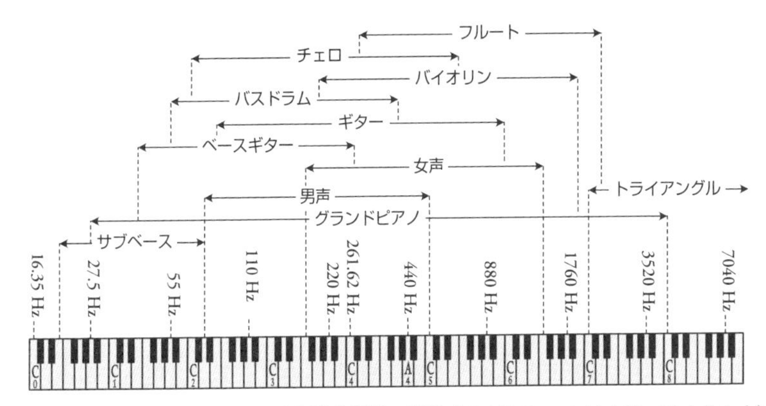

上：様々な楽器や声のピッチ。国際標準化機構の標準音は440 HzのA4（イ音。C4よりも上）だが、バロック音楽の415Hz、何かと特別視される432Hz、18世紀のコーアトーンの466Hzまで多様な標準音が使われている。ガリレオ・ガリレイ（1564-1642）が取り組んだピッチと弦の張力の関係は、マラン・メルセンヌ（1588-1648）により方程式で表されるようになった。

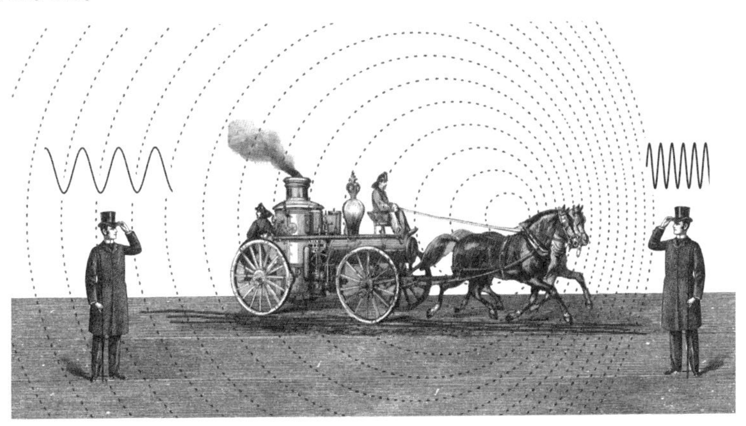

上：ドップラー効果。1842年に物理学者のクリスチャン・ドップラーがはじめて関係式で説明した音響効果。音源（パトカーや消防車のサイレンなど）が観測者に接近する際は波と波の間が狭まって周波数が高くなり、高い音に聞こえる。遠ざかるときは逆に周波数が低くなり、低い音に聞こえる。

弦の定常波

節と腹

弦を引き伸ばして両端を固定してから弾くと、その部分が振動し、両端に向けて波が放たれる。弦の端まで到達した波が反射した途端、弦に沿って両方向に向かう波が同時に存在するようになる。これが定常波である。弦の端は振動しない。このような点を節と呼ぶ。弦を弾くと最初に現れる、山が1つしかない振動が基本振動である。

ギターの弦が基本振動で出す音を基音という。弦の中央を軽く押さえてから弾くと、1オクターブ上の倍音（基本振動に対する振動数比は2:1）が出る。弦の長さの$\frac{1}{3}$のところを押さえて弾けば第3倍音（3:1）が出る。以下、同様にしてより高い音を出していける。

下図のAとBのように両端が固定されていると、様々な定常波が混在し続けることになる。それらの波長と弦の長さの比は、$\frac{1}{2}$，$\frac{1}{3}$，$\frac{1}{4}$，$\frac{1}{5}$というように整数比になる。いくつもの倍音が混ざることで美しい音色になるのである（下と次ページ）。

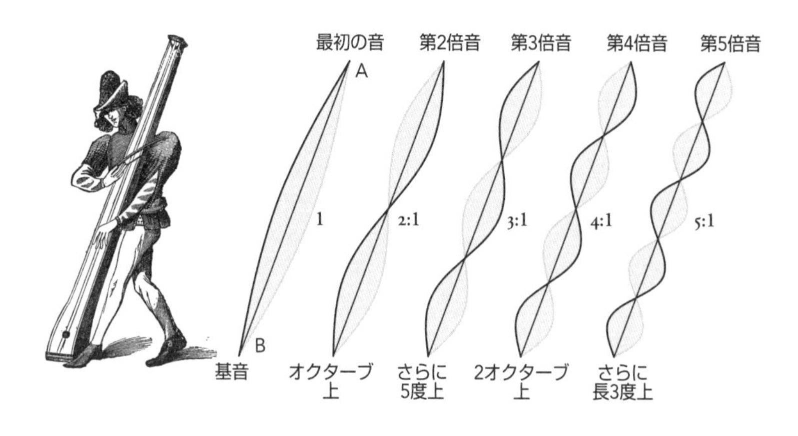

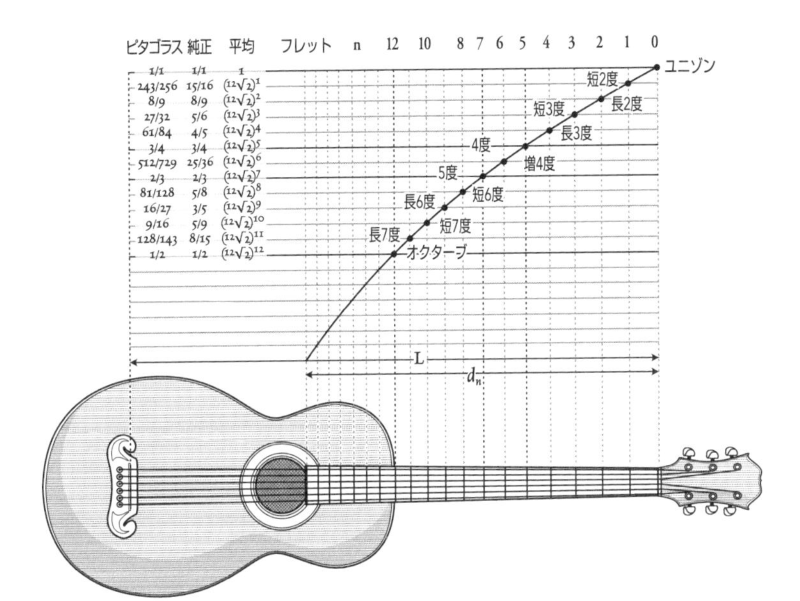

上：ギターのフレットと音律の関係。16世紀はじめ、3度（5:4の長3度と6:5の短3度）が好まれるようになり純正律が導入された。フレットの位置も純正律に合わせ、わずかに変化した。18世紀後半から平均律が広まると、隣り合う音との振動数比を$\sqrt[12]{2}=2^{\frac{1}{12}}=1.059463...$として調律するようになった。

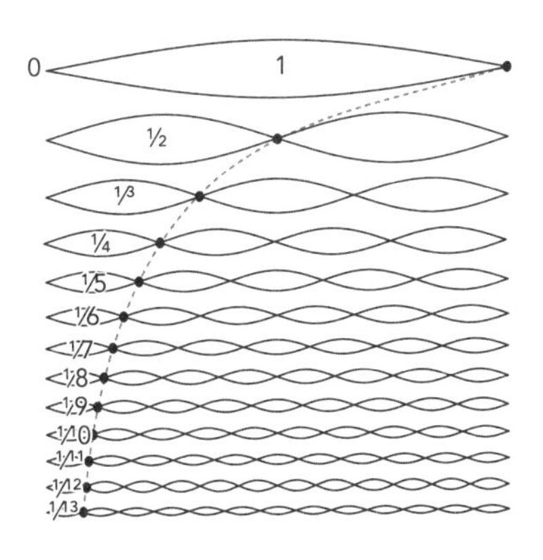

平均律では「18の規則」(正確には17.817)を認めている。弦の長さがLのときn番目のフレットの位置d_nは、以下の式で直前のフレットの位置d_{n-1}から求められる。

$$d_n=d_{n-1}+\frac{L-d_{n-1}}{C}$$

弦の周波数 (f) はメルセンヌが発表した式により、弦の長さ (L)、張力 (T)、単位長さあたりの質量 (M) で求められる。

$$f=\frac{\sqrt{T/M}}{2L}$$

左と前ページ：数学の調和級数と言う言葉は、倍音の概念に由来する。

管の定常波

開いた管と閉じた管

両端が開いた細長い円筒を開管と呼ぶ。開管の中の空気が振動しても、管の両端は節（定常波で動かない点）にならない。開管内では、基本振動の波長が管の長さの2倍になる定常波が生じる。弦の場合と同様、複数の定常波が混在した状態である。また、いずれの定常波も両端は節にならない。各定常波の波長と基本振動の波長の比は整数比で表せる。フルートは事実上開管である（次ページ左列）。

これに対し、一方の端を密閉した管を閉管と呼ぶ。閉管の場合、開口端でのみ空気分子が自由に動けるため腹（定常波で最も大きく動く点）を形成する。閉口端は節になる。同じ長さの開管に比べて基本振動の波長が倍になり、およそ1オクターブ低い音が出る。開口端に腹、閉口端に節ができるため、波長が基本振動の$\frac{1}{3}$，$\frac{1}{5}$，$\frac{1}{7}$というように奇数分の1になる。クラリネットは閉管であり、奇数倍の倍音が独特な響きをつくっている（次ページ右列）。

金管楽器は倍音を利用して音を出している。バルブなどで管の長さを変え、基音や倍音を変更しているのである。ビューグルのように管の長さを変えられない楽器は、吹き方を変えて対応している（下）。

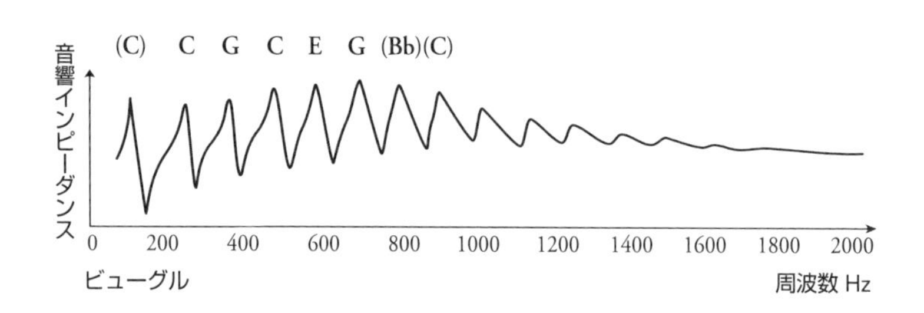

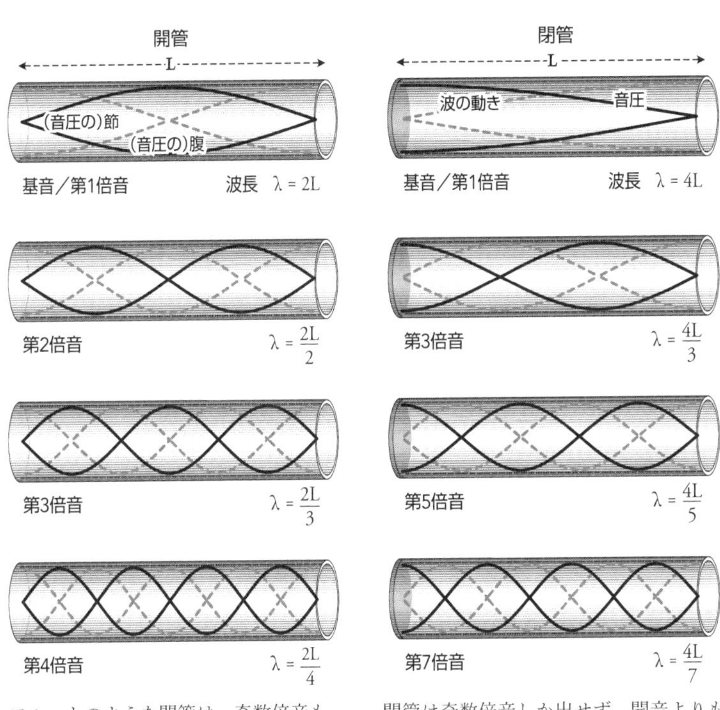

フルートのような開管は、奇数倍音も偶数倍音も出す。

閉管は奇数倍音しか出せず、開音よりもおよそ1オクターブ低い音になる。

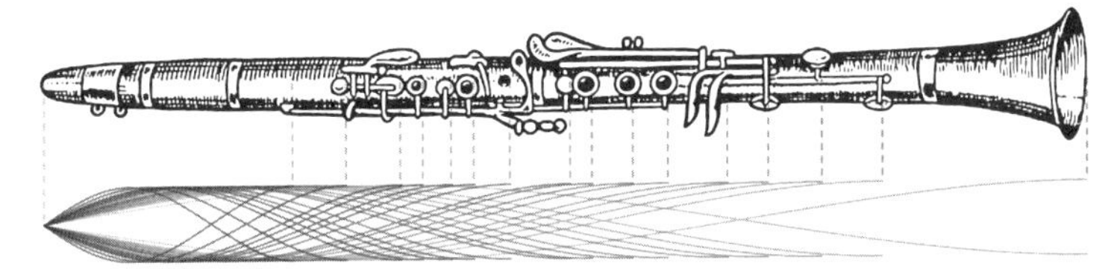

上：管楽器などの基本周波数は、内部で振動する柱状の空気（空気柱）の長さで決まる。上のクラリネットなどの木管楽器は、音孔によって空気柱の長さを変える。実際には音孔の位置、大きさ、深さ、空気の圧力、閉じられた音孔の数など複数の条件が最終的なピッチに影響する。

ヘルムホルツと共鳴

耳も銅鑼も

音を出すものは共鳴し、固有振動数と同じ周波数の音波を増幅する。サスティンペダルを踏みながらピアノに向かって歌うと、何本かの弦が振動する。これが共鳴の例である。歌声と同じ振動数の弦だけでなく、上下にオクターブ離れた弦も振動するはずだ。音叉を振動させたとき、同じ音を出す音叉が近くにあれば振動しはじめるだろう（下）。

ヘルマン・フォン・ヘルムホルツ（1821-1894）は音の様々な性質を明らかにした。音の分析のため、大きさを変えたヘルムホルツ共鳴器をつくり、耳に当てて周波数ごとの強さを測定している（次ページ上段）。ヘルムホルツはこの方法で、鐘や銅鑼の音に含まれる非調和成分の周波数を特定した。

構成部品が起こす共鳴の相互作用で、その物体全体が発する音が決まる。そのため楽器は、特定の振動を強調したり弱めたりするよう注意深く設計されている。共鳴器は不要な振動を吸収することで、部屋の音響環境を調整するのにも利用できる（次ページ下段）。

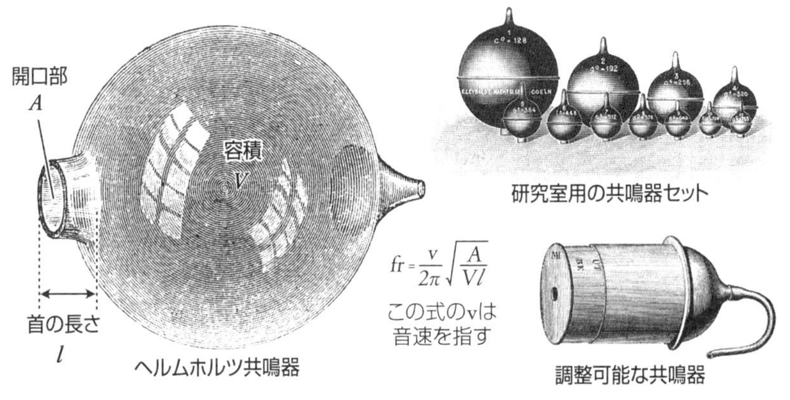

上：ヘルムホルツ共鳴器はガラスまたは金属製で、開口部が2つある。細い方（上図右側）を耳に当て、広い方から音を取り込む。共鳴器のサイズにより、特定の周波数（fr）の音を集める。特定の周波数の音を検出したり、減衰させたりするのに利用できる。調整可能な共鳴器は小さなトロンボーンを逆さにしたような形状で、スライド式の部品で共鳴する周波数を変更できる。

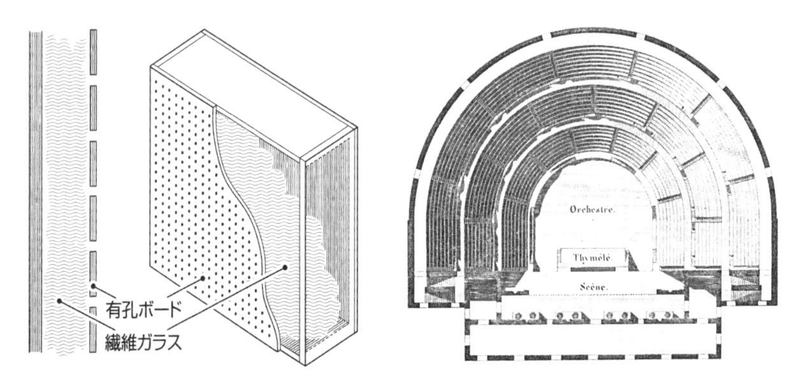

左上：複数のヘルムホルツ共鳴器を並べたのと同様の機能を発揮する音響パネル。詰めてある吸音材は、音のエネルギーを熱に変換し、特定の周波数の音を消してしまう。**右上：**ギリシアの劇場の座席下や中世の教会の壁から、灰を詰めた陶器の容器が発見されている。音響効果を高めるために使われた可能性がある。

合成波

シンプルな波を重ねる

1822年、フランスの数学者ジョゼフ・フーリエ（1768-1830）は、どれほど複雑な波形であっても、異なる振幅、周波数、位相を持つ複数の基本的な正弦波に分解できることを発見した。この発見が土台となり、後の時代に、信号を周波数成分に分解する高速フーリエ変換（次ページ上段）という計算手法が発見された。

波同士が衝突すると興味深い結果になる。わずかに異なる2つの音が互いに干渉し、パルスのような「うなり」が発生するのである（次ページ中段）。

シンプルな波形を組み合わせれば、豊かな音響を実現できる。初期に実用化された例として、教会のオルガンのストップ（複数の音色を選んで組み合わせる機能）があげられる。現代のシンセサイザーもオシレーター、サンプル音源、ウェーブテーブルから合成し、様々な音を提供できる（右）。自然界でも、例えば鳥の羽ばたき音の場合、1秒ごとに変化する振幅変調（AM）が生じている。ある波の周波数を別の波で変えるのが周波数変調（FM）で、バイオリンでビブラートをかけるときに生じている。FMベースのシンセサイザーは、倍音構成を変化させてチャイムや鐘の音などをつくるのに向いている（次ページ下段）。

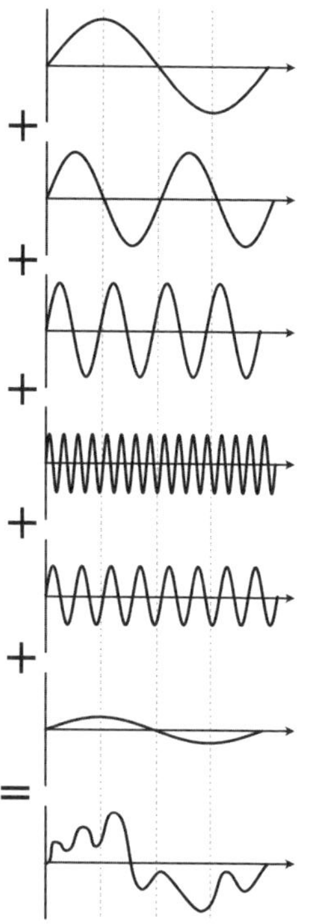

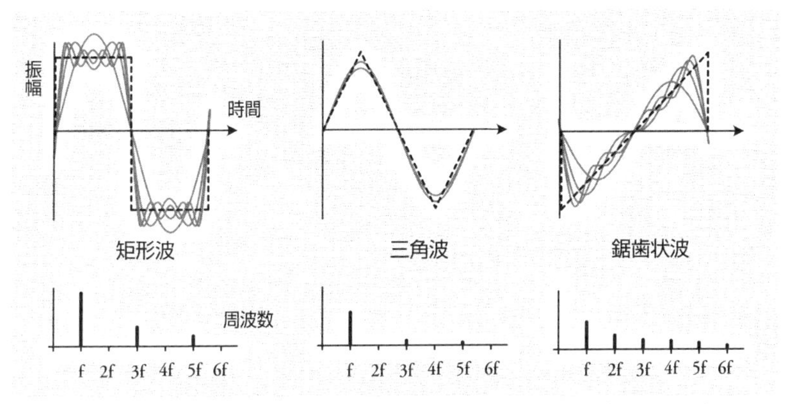

上：あらゆる波形は、フーリエ級数展開してシンプルな正弦波に分解できる。上の周波数のグラフは、高速フーリエ変換を行った後の、基本振動（f）とその倍音の相対的な強さを示している。矩形波と三角波には偶数倍音が存在しない点に注意。

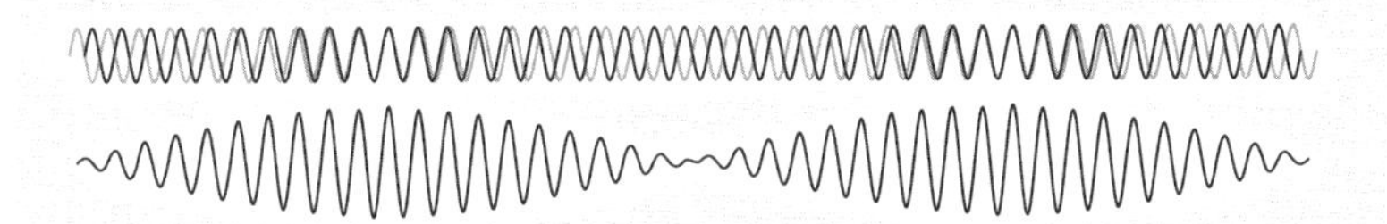

上：うなり（例：ピアノやアコーディオンのもの）は、周波数が近い波が干渉しあい、波を強めたり弱めたりすることで生じる。うなりの周波数は、もとの2つの波の周波数の差になる。175Hzと179Hzの音であれば4Hzのうなりが生じる。

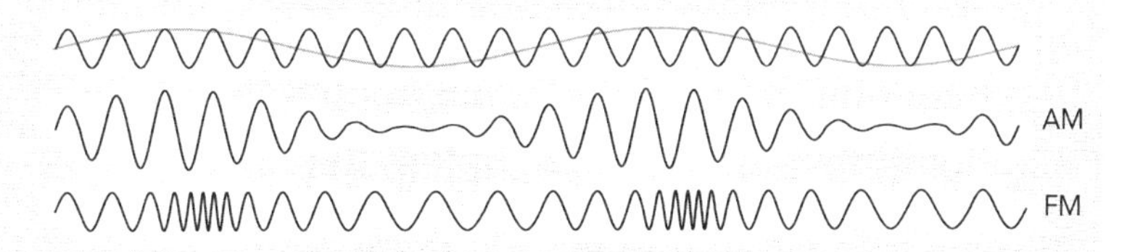

上：振幅変調（AM）では、1番目の波（黒色）の振幅が2番目の波（灰色）の振幅に比例して変化しているが、周波数は変わらない。周波数変調（FM）では、黒い波の周波数は秒単位で変化しているが振幅は変わらない。

整数次倍音と非整数次倍音

音色とフォルマント

シンプルな音の多くは、基本周波数の音と、それに連なる一連の整数比の倍音で構成される（18ページ）。整数比の倍音のことを整数次倍音と呼ぶ。より複雑な音は、整数比の倍音ではない非整数次倍音を含んでいる。鐘の音などには、非整数次倍音が多く含まれる。

楽器、動物の鳴き声、人間の声は独特な音色を持ち、その音質はフォルマントに左右される。フォルマントは、口腔などで共鳴し強調される狭い周波数帯域のことで、音源の物理的特性によって増幅（または減衰）する。録音した音を再生するとき、グラフィックイコライザーのスライダーを押し上げておくようなものである（次ページ上段）。

フォルマントは、楽器の特徴的な音色も左右する。バイオリンであれば、フィドルと貴重なストラディバリウスの音色の違いはフォルマントが生み出している。弓で弦を弾いたときに生じるのは耳に不快な鋸歯状波だが、バイオリンが生み出す様々な周波数の音が共鳴し、音色を変えているのである。フォルマントは楽器のサイズ、形状、使用されている木材、ニスなど複数の条件で決まる。下図はバイオリンで様々な音を奏でたとき、響板がどのように振動するかを示している。

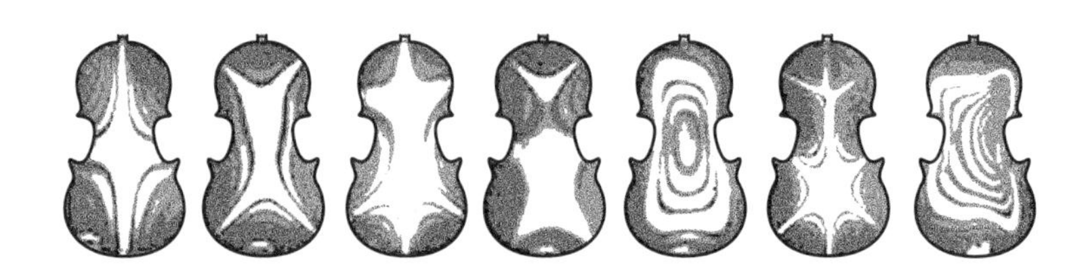

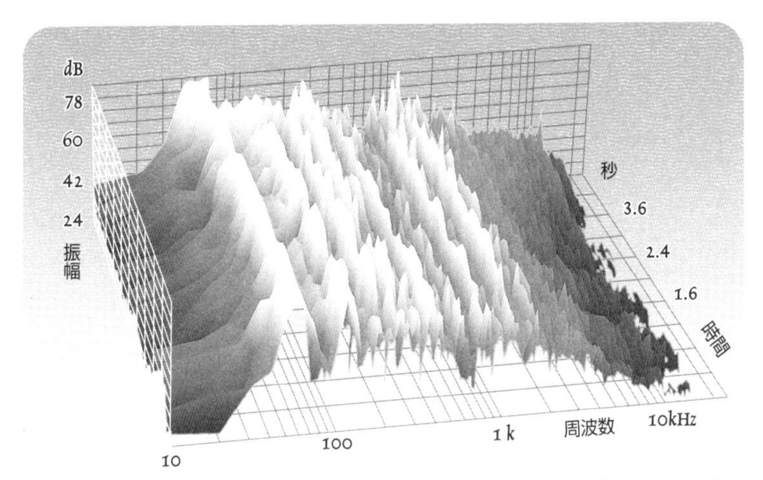

上：時間とともに周波数構成が変化することを示すグラフ。楽器の豊かな音色は相互作用する共鳴が生み出している。時間とともに音が変化していることが、周波数スペクトル全体の微妙な変化に示されている。

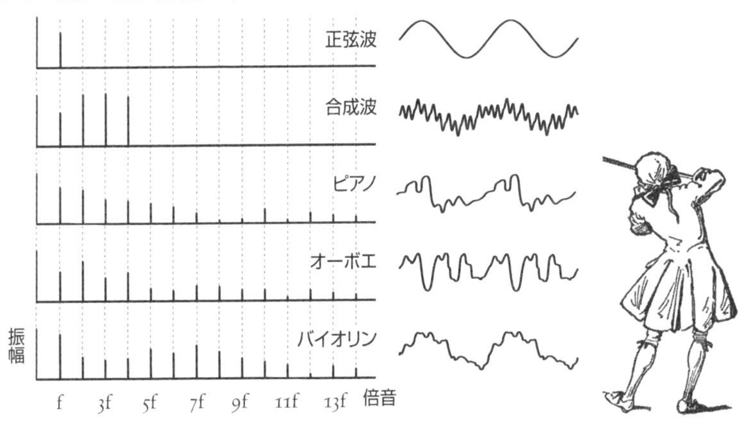

上：様々な楽器が奏でる音に含まれる整数次倍音（基本周波数の整数倍の周波数を持つ）。波形は2周期分を示す。

音声

甘い歌声という芸術

人間の声は驚くほど多彩で、シンセサイザーを含む大半の楽器の真似ができる。声帯の張りを調整してピッチを変えられるが、最終的には口、喉、鼻によって声色が決まる。5つの共鳴する部分(空洞部分)が声のフォルマントをつくり、その中には連続的に変化するものがある。

さて、会話では母音が音声を理解しやすくしているが、その母音を形成しているのは、共鳴する部分のフォルマントの特性である(次ページ下段)。そのため、声帯を震わせないささやき声でも、意味は完全に理解できてしまう。

音声のフォルマントには変えられるものと変えられないものがあり、特に口の共鳴は広い周波数帯域で細かく調整できる。私達は変わらないフォルマントを無意識のうちに検出し、相手の身長を推測するのに利用している。なお、録音した音声の再生スピードを変えるとフォルマントの周波数が変化し、巨人か妖精が話しているように感じる。この現象を「マンチキン化」と呼ぶ。

声帯を使って低いドローン音を出す歌唱法を喉歌と呼ぶ。歌い手は口や喉の形状を変え、ピッチが高い倍音を出していく。熟練の歌い手であれば、高い倍音でメロディーをつくり、右図(この図は3または4つの音の例)のように複数の音を出して歌える。

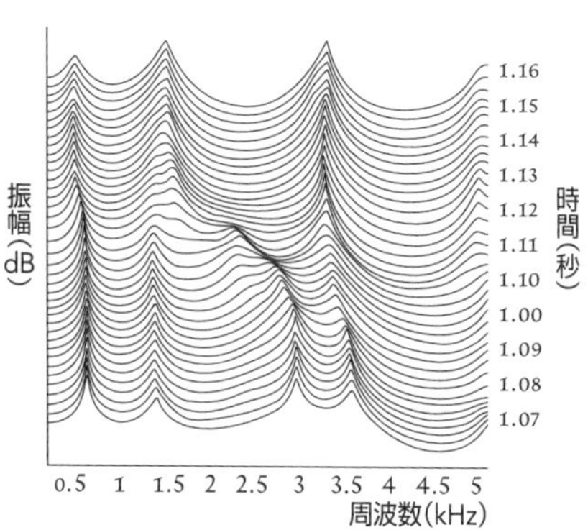

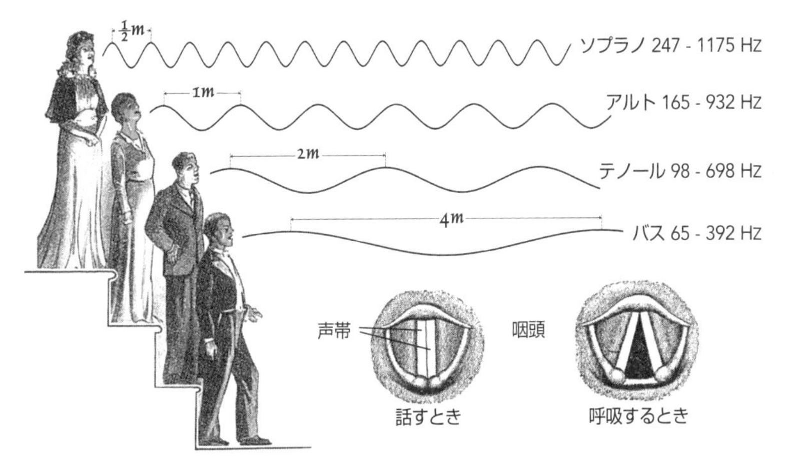

上：女性の話し声の基本周波数は約200Hzで波長は約1.7m。男性の声の基本周波数は100Hzを中心に分布し、波長は約3.4m。これに対し3000Hzの周波数を持つグラスの音の場合、波長は1cm程度しかない。

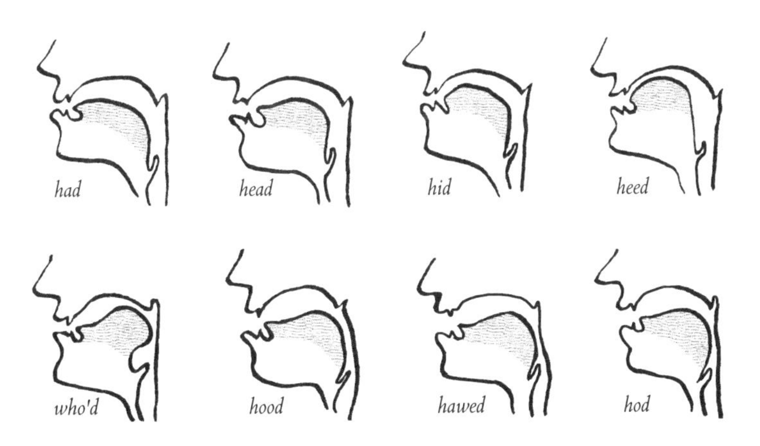

上：母音を発音した時の音は口、喉、舌の形状（斜線部）を変化させてつくるフォルマントで定まる。個々の声色は、相互に影響する共鳴により成り立っている。

反響定位

どこにいる？

自ら音を出し、その反射音で周囲の状況を察知する動物がいる。このような方法を反響定位（エコーロケーション）と呼ぶ。

コウモリの種類によっては人間と同じように視力がよいものもいる。そのような種類でも夜間は反響定位を使っている（次ページ上段）。イルカなどの歯鯨類は高周波のクリック音を発し、獲物を捕ったり移動したりするときに利用する。その際、頭部中央の脂肪組織メロン体を使って音波を集中させる。イルカは1秒間に600回もの連続したパルス音を発し、100m先の獲物を探知できる。夜行性の鳥の一部やトガリネズミも、暗闇の中で反響定位を行っている。

海中での音の伝わり方は、水温、水圧、塩分が海水の密度に強い影響を与えるため複雑になる。水面直下の表層が温かくても、その下の水温躍層では、深くなるほど水温が急減し音速が減少する。水深1000mほどで水温は安定する。さらに深くなると水圧の上昇とともに音速は再び増加する。この音速の変化がサーフェスダクトと深海サウンドチャネルという2つのサウンドチャネルをつくり、鯨の鳴き声など、不気味な低音を何千kmも先に伝えることがある（次ページ下段）。

潜水艦、魚群、難破船、海流、海底山脈を探知するため、反響定位を行う装置が使われている。魚群探知機と呼ばれる電子装置は、10kHzから200kHzの音波を発し、水中の物体からの反射波を捉える。

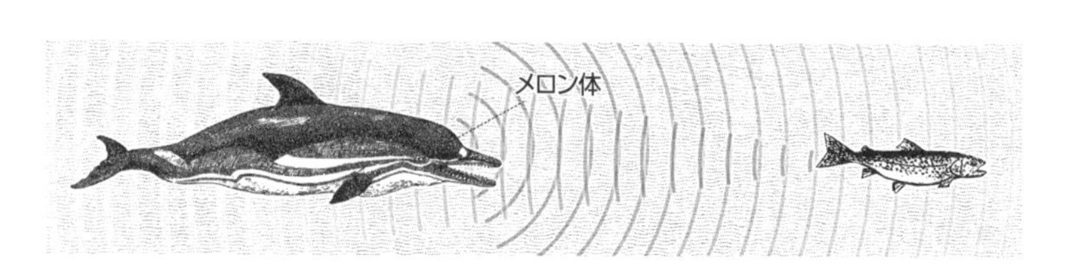

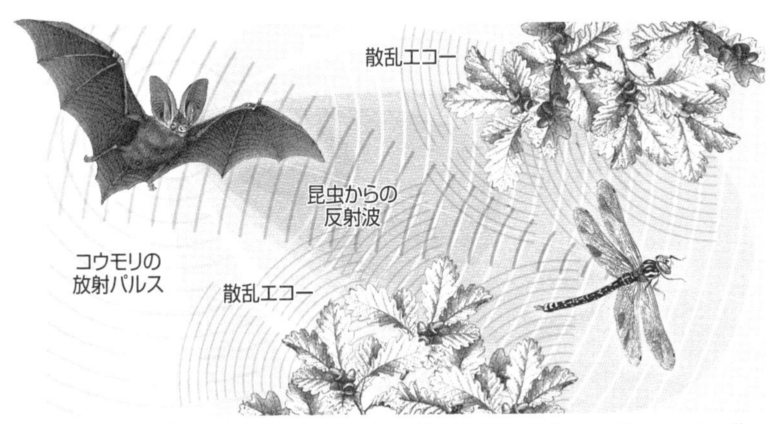

上：反響定位を使って狩りをするコウモリ。最大110kHzのパルスを発し、付近の物体からの反射波を捉えて脳で処理する。コウモリが発した音波が反射するとき、ドップラー効果で周波数が変わっている。この変化を特別な神経細胞で認識することで、獲物など周囲の物体の方向、距離、軌道、物理的特徴を把握できる。

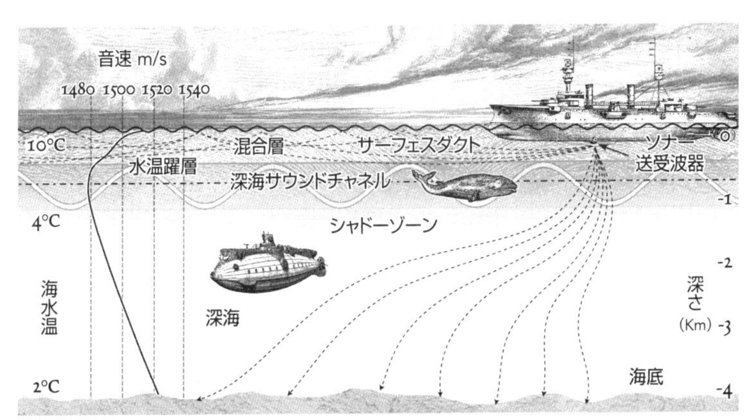

上：海中での音。海水の密度は様々な原因で変化し、その都度、音速も変化する。水温躍層より深くなると音速が再び増加し、サーフェスダクトと深海サウンドチャネルというサウンドチャネルがつくられる。以後は深くなるほど音速が増加するため、音の進み方が非線形になり（図中点線）、潜水艦を隠すのに適したシャドーゾーンが形成される。

残響

静かな反射

光が鏡で反射するように、音も硬い平面で反射しあらゆる方向に向かっていく。また密閉された空間は固有振動数を持つが、その振動数は空間の形状とサイズで決まる。この現象は浴室、トイレ、踊り場がないひと続きの階段を持つホールなど、滑らかで硬い床や壁が平行に設置されている空間で顕著であり、手を1回叩けば（下、次ページ下段）独特の音色になることがある。音は様々なところで反射するため、長さが異なるルートで耳に届く。その結果、残響が生まれる。残響は多数の反射で増幅されたはっきりした音で、徐々に消えていく（次ページ上段の洞窟の例を参照）。

拳銃の発射音や風船の破裂音など衝撃音で残響を測定する。残響音が60dB減衰するのにかかる時間を残響時間と言いRT_{60}と書く。残響時間が長い状態をライブという。密閉空間に一定のライブ性があれば音声の明瞭度が上がるものの、多過ぎると逆効果になることがある。実際にはカーペット、カーテン、家具、人の吸音効果により、許容可能なレベルまで「消音」されてしまう。

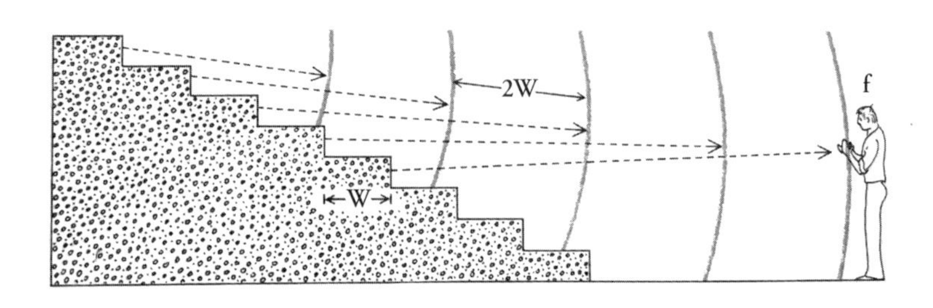

上：洞窟内の残響。直接音は最短経路で届き、次いで初期反射音が届く。その後、複数の後期反射音が減衰しながら遅れて届く。密閉空間の残響時間は$RT_{60} = 0.049\ V/a$という式で表される。RT_{60}は音が60dB減衰するのにかかる時間、Vは空間の体積（m^3）、aは空間の吸音力で単位はメートルセービン（58ページ）である。

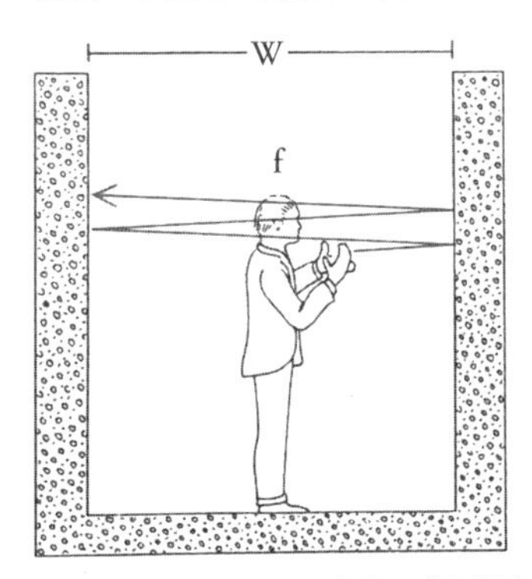

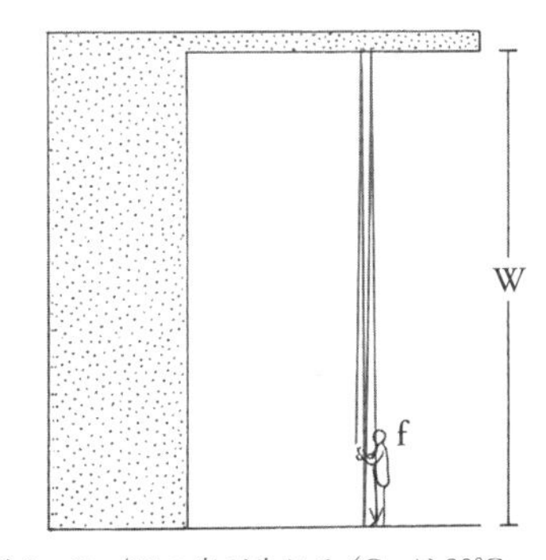

左上：幅Wのホールの中央で手を叩くと、周波数$f = C_{20}/W$の音が生じる（C_{20}は20℃の空気中における音速で約343m/s）。**右上：**天井がある空間で手を叩くと、周波数$f = C_{20}/2W$の音が発生する。**前ページ：**Wメートルごとに段がある階段の前で手を叩くと、周波数$f = C_{20}/2W$の「跳ね返り音」が発生する。

ルームモード

不要な共鳴

密閉空間では音が壁などの表面で反射し1、2、3次元モードの定在波が形成され、ルームモードと呼ばれる共鳴が生まれる（下）。このとき、増幅される周波数と位相キャンセルされ減衰する周波数がある。1次元モードは最も強く、部屋の寸法比から容易に計算できる（次ページ上段）。録音や音楽鑑賞のための部屋では、特に低い周波数での共鳴がトラブルを引き起こすことがある。

立方体の部屋はことに問題で、3次元すべての方向に同じように反響してしまう。また3×6mのように部屋の寸法が整数比になっている直方体の部屋も、反響が繰り返されるため同様に問題を起こす。望ましいのは、固有振動数が均等に分布している状態である。現代の録音スタジオは部屋を四角形以外にするか、1.618 : 1 : 0.618という黄金比にして、倍音の反響を減らしている。

なお、部屋の中のあらゆる物と壁や床は、異なる周波数の音を吸収する（58ページ）。低周波の共鳴は不快なブーミングを起こしたり、1つの周波数だけが増幅される状況を発生させたりする（次ページ下段）。一般に部屋が大きいと音がよくなる。大きい部屋では最も低い共鳴が20Hz以下になり、人間には聞こえないからである。

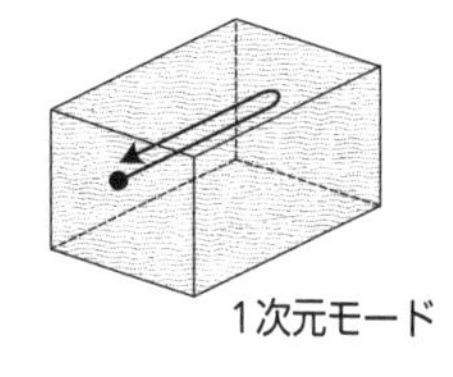
1次元モード

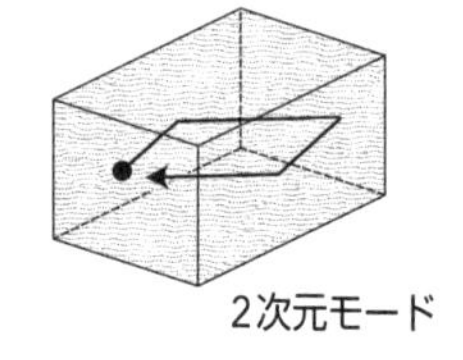
2次元モード

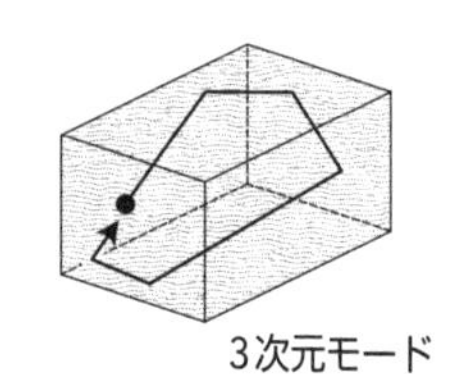
3次元モード

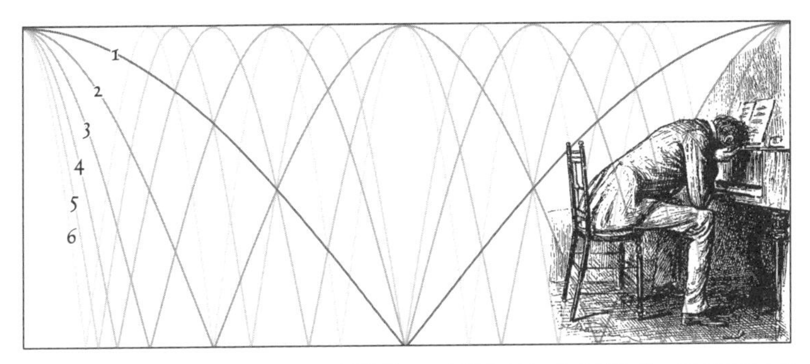

上：1次元モード。第1次モードの周波数は、音速約343m/sを壁と壁の間の距離の2倍で割ったもの（音は部屋を横切り戻ってくるため距離は倍になる）。長さ4mの部屋なら$\frac{343}{8}=42.8$Hzになる。第2次モードの周波数はこの約2倍で85.7Hz、第3次モードは3倍で128.4Hzとなり、これが無限大まで続く。ただし実質的には10倍までである。計算する場合は、部屋の長さだけでなく高さについても考慮する。

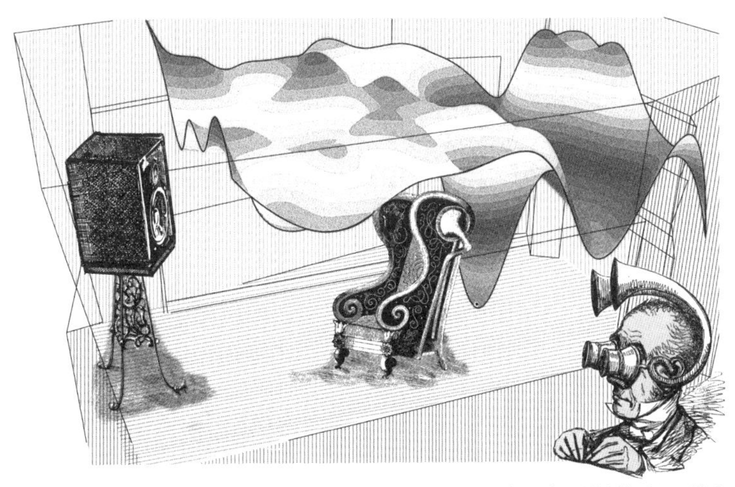

上：不規則な形状の部屋の音響特性。試験用の音を出し、音圧計で周波数ごとに強さをマッピングする。定在波は節と腹をつくり、その結果、音圧が大きい部分と小さい部分が生じる。上図は、ある周波数の音圧がどのように変化しているかを示している。

音響処理

スタジオの音響設計

通常、録音スタジオは防音工事がなされているが、これは内部に音を閉じ込め、外からの雑音は防ぐという二重の目的がある。紙製の卵ケースで壁を覆うと防音になるとよく言われる。しかしこの方法では、高い周波数の音の一部が反射しにくくなるという効果しかない。音は消えてしまわない限り、必ずどこからか漏れ出していく。厚い壁で防ぐのは最もシンプルな方法で、コンクリートを使うのが効果的である。しかしネオプレンや鉛のような、柔らかくても重い素材の方が効果的な場合がある。

理想的な録音スタジオは、共鳴が発生せず、残響時間が短く、偏りのない音環境を備えている。壁にはアコースティックパネルが貼られ、音声の周波数成分を均一に拡散させる（次ページ上段）。コントロールルームとの間の窓には、間隔を広く取った（しかも平行に設置しない）3枚のガラスをはめ込み透過を防ぐ。さらに徹底するには、ネオプレンを使ったフローティングフロアを採用し、外部の振動を遮断する「ルーム・イン・ア・ルーム」にする。

また部屋の隅は音が集中しやすいが、背の高い吸音管や束ねたカーテンで対処できる。低周波のブーミングはベーストラップで最小限に抑えられる。浅い大きな箱を屋根用フェルトなど柔らかく重いシートで覆ったもので、ガラス繊維やミネラルウールのパネルをホイルで覆ったもの（高周波を反射する）と一緒に使う（右図）。低周波は吸収され熱に変換される。

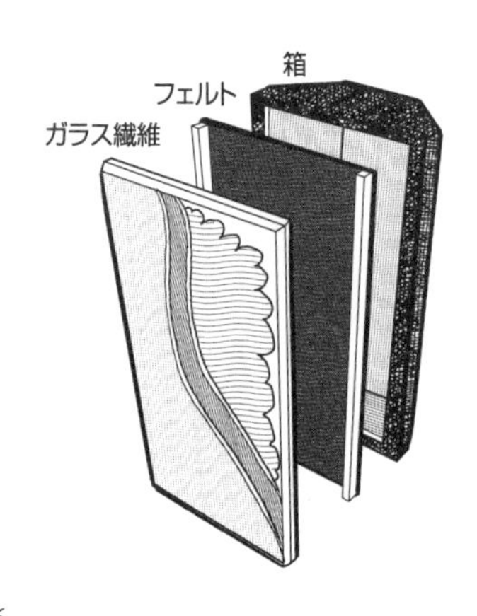

上：アコースティックディフューザーとパネル。室内では平行壁面間での音の「響き」による問題が多い。アコースティックディフューザーを適切に配置すれば防げる場合が多い。

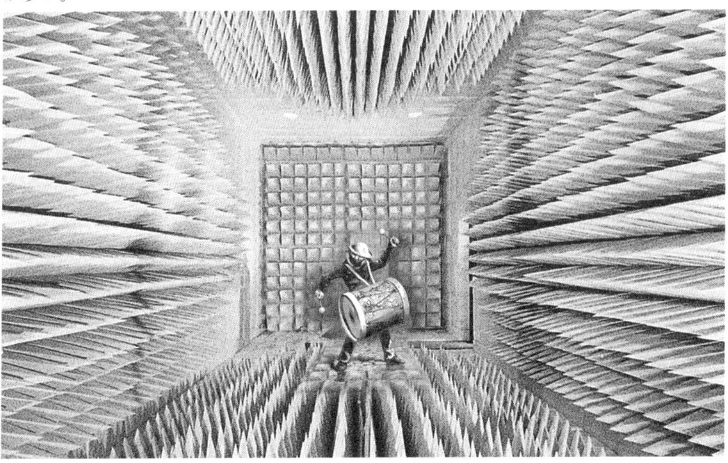

上：無響室では音の反射がない。壁、床、天井は楔型にしたガラス繊維で可能な限り覆い、低周波の音を吸収している。室内にいると不安になり、自分の呼吸に気づかされる。やがて、耳の血管を血液が流れるシューという音が聞こえてくるだろう。

ラウドスピーカー

ウーファーとツィーター

スピーカーは電気エネルギーを機械エネルギーに変換し、空気中に圧力波をつくり出すことで音を耳に届けている。種類は多いが、たいていは永久磁石の極の間にボイスコイル（芯材にワイヤを何回も巻きつけたもの）を吊るし、ボイスコイルが動くようにしている。音声信号は、増幅された交流電流としてコイルを通る。電流がマイナスからプラスに変化するに伴い、コイルは電磁石として機能し、永久磁石に引き寄せられたり反発したりしてピストンのように動く。紙またはプラスチック製のコーンがコイルの動きを空気に伝え、音を出すのである（下）。

人間は20Hzから2万Hz程度の音を聞いており、1つのスピーカーで忠実に再生するには周波数帯域が広過ぎる。そこで「高忠実度」を実現するため、大きさの異なるスピーカーを1つの筐体に組み込み、スピーカーごとに担当する周波数帯域を分けている。音声信号は、周波数に合わせて信号を分割するクロスオーバーという装置を介して、各スピーカーに送られる（次ページ上段）。

複数のスピーカーに配線する場合、例えば+を赤、−を黒というように同位相につながないと、音の一部が打ち消されてしまう。

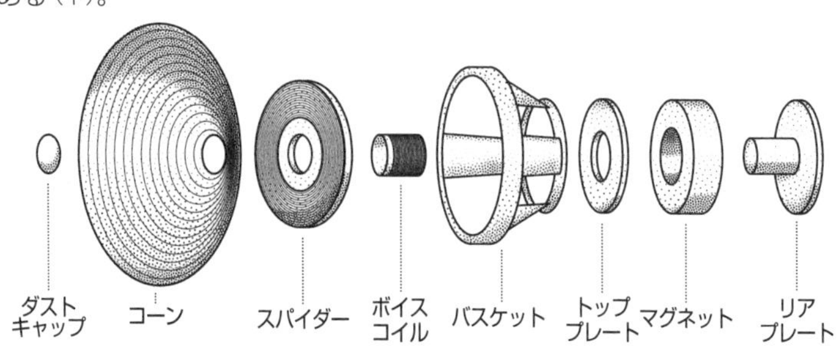

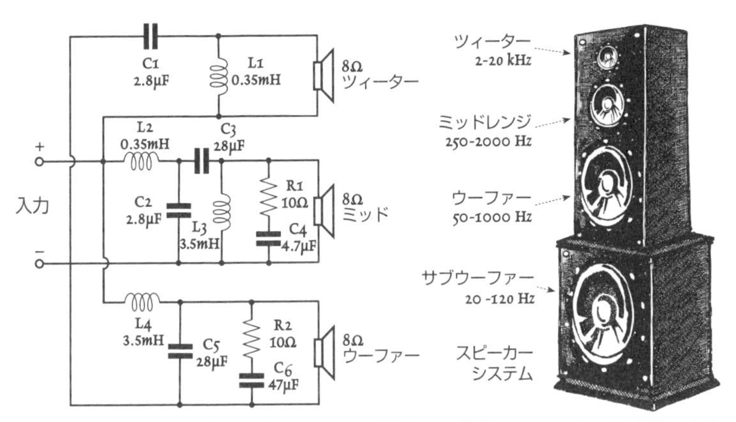

上：クロスオーバーの電子回路。フルレンジ再生には複数のスピーカーが必要になる。高音域の激しい振動は小型のツィーターが、低音域は質量が大きく低音が響くウーファーが受け持つ。最も低い音域は大型のサブウーファーが音を出す。

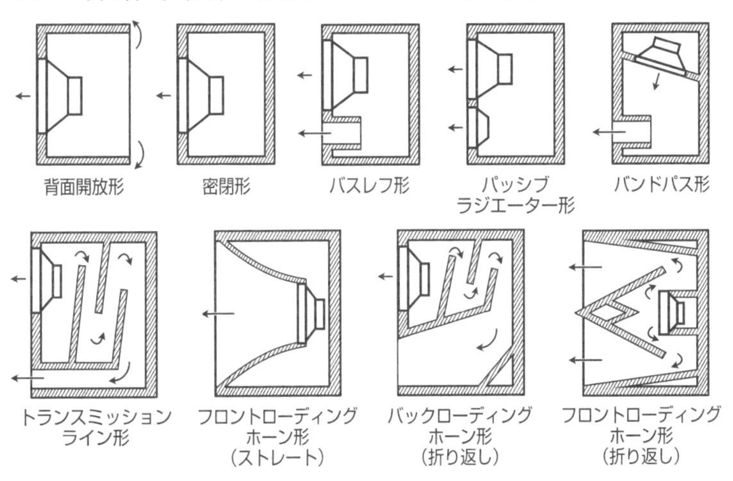

上：ラウドスピーカーの筐体（エンクロージャー）は、音に大きな影響を及ぼす。単純な箱では位相の干渉や共鳴が生じるため、バスレフ形や迷路のようなトランスミッションライン形、各種のホーン形を採用し、効率を高めつつ望ましくない周波数を制御している。

PAシステム

皆にあいさつ

1人の人間の声を大勢の聴衆に聞かせるにはどうすればよいだろうか？ 何世紀もの間、メガホンが使われてきた。メガホンは長さ数十センチの円錐形の筒である（扉絵参照）。声帯と空気のインピーダンスを整合させ、音波を特定の方向に向けることで音声を増幅する。大型のものは音量が大きく、ダンスホールで使われた初期の蓄音機には長さ4.5mの円錐形のもの（ラッパ）が取り付けられていた。

点音源からの音は球状に広がり、エネルギーは急速に拡散される。距離が2倍になると音の強さは$\frac{1}{4}$になる。このため最近のＰＡシステム（拡声を行うシステム全般を指す。PAはPublic Addressの頭文字）は、複数のスピーカーを縦に重ね、音を円柱状に放射している。距離が2倍になっても、音の強さは半分にしかならない。音声を向けているのは大勢の聴衆であって、すぐ隣にいる人ではない。低い位置に客席に向けて強力なサブウーファーを設置しても、サブベースをうまく出せない場合がある。位相を逆にし、客席とは反対方向に向けたサブウーファーを追加するとトラブルを軽減できる。

大会場や屋外の施設では、メインスピーカーを補うため、客席外側にスピーカーを追加することもある。電気信号は光速に近い速さで進むため、追加のスピーカーをメインスピーカーと同じように接続すると、観客には後方のスピーカーからの音が先に聞こえてしまう。ステージからの音は、あたかも反響のように感じられる。そこでディレイタワーに設置した後方のスピーカーからの音が、ステージからの直接音と同じタイミングで観客に届くよう、信号を少し遅らせて流すのである（次ページ下段）。

様々な距離を音が進む際の所要時間（20℃の乾燥した空気中）：

距離	1m	5m	10m	50m	100m	500m	1km	1フィート	5'	10'	50'	100'	500'	1マイル
時間(ms)	2.91	14.56	29.12	145.6	291.2	1455.9	2915.5	0.89	4.44	8.88	44.4	88.8	443.8	4686.5

上：複数のスピーカーを縦に並べたハンギングラインアレイ。横から見てＪ字型にすることで、上部のスピーカーは客席後方に、下部のスピーカーは前方に音を向けられるようにする。観客がどこにいても、音の強さが均一になるようにしている。

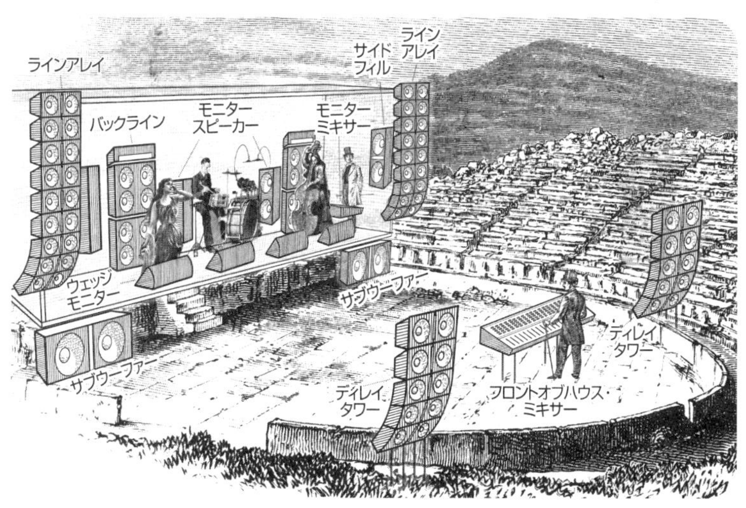

上：大規模なＰＡシステムの構成。ラインアレイが客席を向き、サイドフィルが最前部をカバーする。ステージから離れた位置のハウス・エンジニアが音声をミキシングしている。ステージ上では、アーティストに向けてウェッジモニターが設置され、楽器の音はバックラインが増幅し、ドラマーの脇には大型のモニタースピーカーが置かれる。ステージ脇にいる別のエンジニアが全体をミキシングする。

音はどこから来る？

耳障りな音の音源はどこか

どこから音が聞こえてくるかを知るため、脳は両耳から届く信号のわずかな違いから空間的情報を得ている。

横方向からの音は、左右の耳に異なる音量で時間をずらして届く。音源に近い方の耳は、より大きい音を早く聞けるのである。また鼓膜に届く周波数スペクトルは頭、胴、耳介で音が回析、反射し、さらに吸収された結果である。周波数スペクトルの変化は、頭部伝達関数（HRTF）で表される。HRTFを利用して音を人工的に処理すると、脳は全方向から音が届いていると勘違いする。このように脳が音源の方向を知覚する仕組みは完全ではない。2つの音が40ms以内に届くと2つの音として認識し、最初に届いた音と同じ方向から来たように感じてしまう（ハース効果）。また「混同の円錐」と呼ばれる領域では、回転軸に垂直な断面の円周上であれば、どこでも両耳間時間差が同じになるため位置を特定できない（次ページ上段）。さらに人間の耳は100Hz以下の音では位置を特定できないため、5.1chのような没入型サラウンドシステムでは高音域、中音域用のチャネルは5つあるがベース用には1つしかない（次ページ下段）。

実際の両耳間の距離と同じだけ離して2つのマイクロフォンを設置すると、立体的に聞こえる音を録音（バイノーラル録音）できる。マイクはダミーヘッド（右）に装着することが多い。ヘッドフォンで再生すると、音が上から聞こえてくるようにさえ感じられ、素晴らしい臨場感を味わえる。さらにリアルにするなら、マイクを録音者の耳の上や中に装着したり、頭蓋骨に合わせて装着したりすればよい。

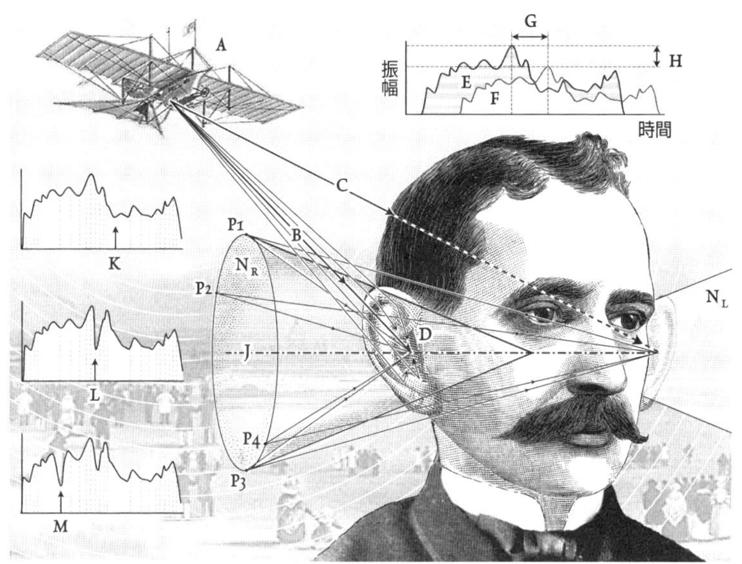

上：聴覚と方向知覚。A:音源。B：音源に近い耳への直接音。距離が近いほど音圧レベルが高い。C:音源から遠い耳への直接音。距離が遠いほど音圧レベルが低い。D：耳介による反射。E：音源に近い耳からの信号。F：音源から遠い耳の信号。G:両耳間時間差。H：両耳間音圧差。J:両耳間軸。K：音源が上方のときのHRTFスペクトラルノッチ。L：音源が両耳間軸と同じ高さのときのノッチ。M：音源が下方のときのノッチ。N：混同の円錐。P1-4：両耳間時間差が等しい音源。

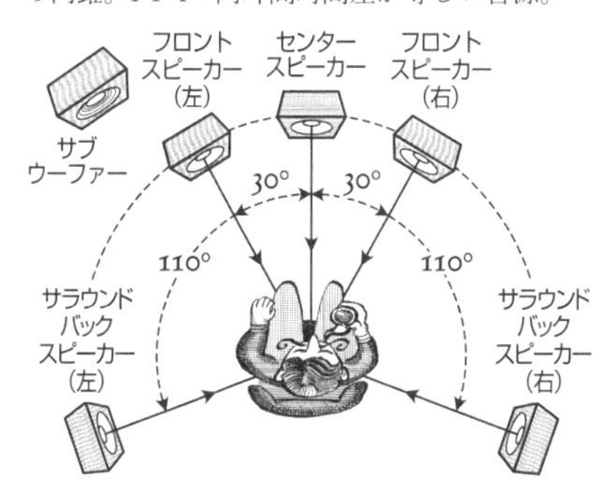

左：5.1chサラウンド。聴き手の周囲にサラウンドスピーカーを5つ配置して中高音域を処理し、低音の音声信号は1台のサブウーファーに送る。低音では音源の位置を特定できないため、周囲のサラウンドスピーカーからも低音が聞こえてくるように感じる。2.1から12.1まで「.1」という表記があるシステムは、同じ原理で機能している。

マイクロフォン

テスト、テスト、ワン、ツー

マイクロフォン（マイク）は、音のエネルギーを電気信号に変換する。

ダイナミック型マイクの一種であるムービングコイル型は、頑丈で多機能なためステージでよく見かける。マイクが音を拾うとダイヤフラムが振動する。そしてダイヤフラム（振動板）に取り付けられたコイル状の電線は、永久磁石の極の間に吊るされている。ラウドスピーカーとは逆の動作をするのである。

同じくダイナミック型の一種であるリボン型は、コイルの代わりに金属箔の薄いリボンを使う。リボンは通常、波形になっている。リボン型は高音質で定評があるが、繊細で壊れやすい。

コンデンサー型は高音質な録音が可能なため、スタジオでよく使われる。マイクの中には、2枚の薄い金属板がぎりぎり接触せずに並べられたキャパシタ（コンデンサーとも呼ぶ）が入っている。金属板の一方はダイヤフラムとして機能し、振動するたびに電気信号を発生させる。キャパシタの充電には電気が必要だが、プロ用のスタジオでは48Vのファントム電源が用意されている。

コンデンサー型の一種であるエレクトレット型は、永久電気分極した高分子フィルムを使用する。プリアンプやデジタルレコーダー内蔵の高級モデルもあるが、一般に安価に製造できる。

圧力が加わると電圧が発生する素子を利用しているのがピエゾマイクである。主に音響トランスデューサー（音響的振動と電気信号を変換する）として使用され、コンタクトマイクに使った場合は驚くほど高音質である。

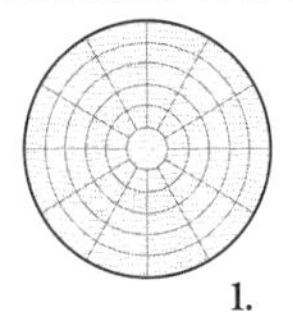
1.

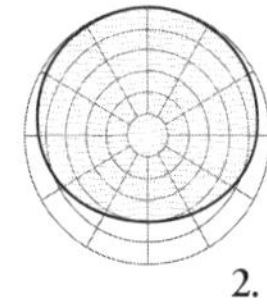
2.

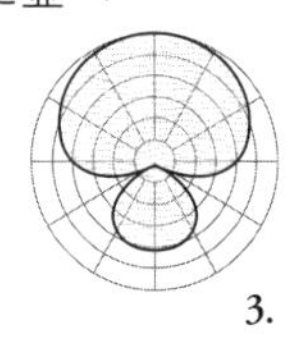
3.

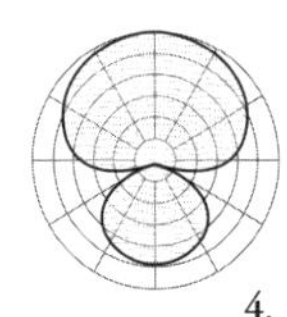
4.

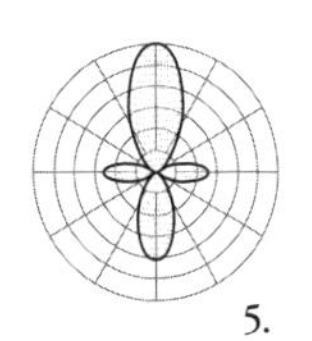
5.

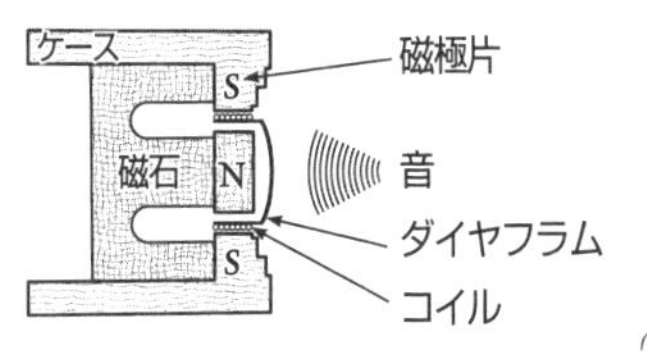

ダイナミック型の指向性はハート型のカーディオイド（下図6）になる場合が多く、音源が近いと低音域が強調される近接効果を持つ。

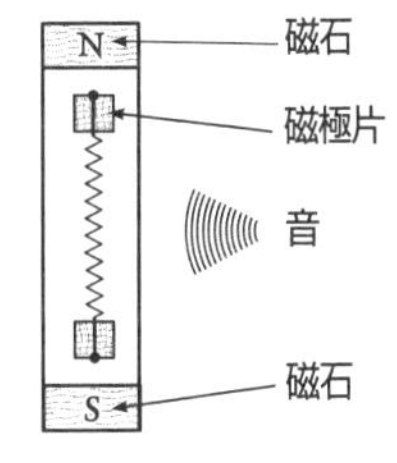

通常、**リボン型**は8の字を描く双指向性（下図7）を持ち、マイクの両側の音は逆位相になる。

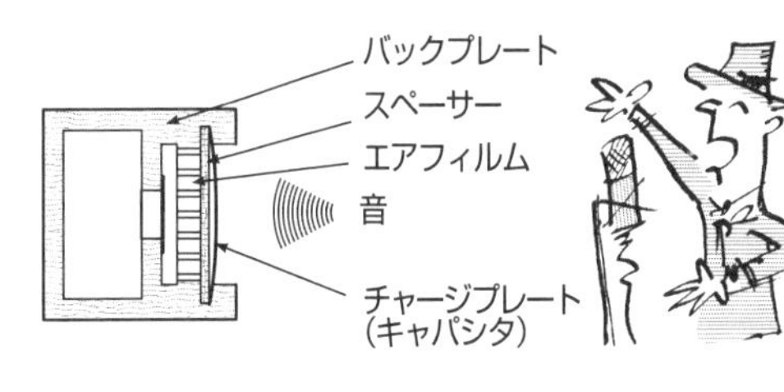

コンデンサー型は、指向性が球状になる無指向性（前ページ図1）から、1方向に焦点を合わせられるハイパーカーディオイド（図4）まで、指向性を切り替えられるものが多い。

前ページと下：マイクは指向性（収音できる方向を示す特性）により分類できる。指向性は周波数特性に影響する。主な指向性は(1) 無指向性、(2) サブカーディオイド、(3) スーパーカーディオイド、(4) ハイパーカーディオイド、(5) ショットガン、(6) カーディオイド、(7) 双指向性である。

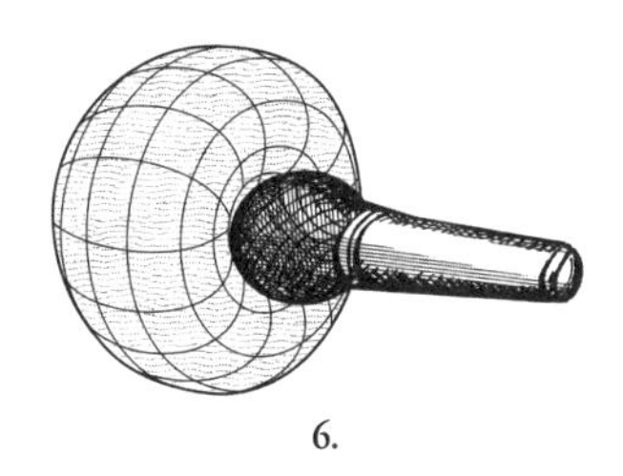

6.

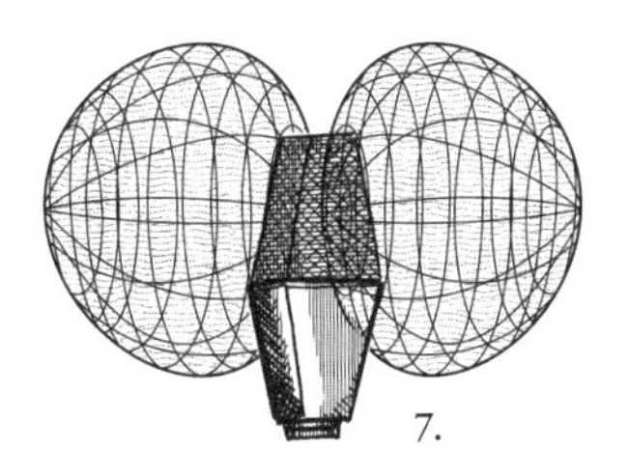

7.

録音

完璧な音声

マイクに入ってきた音よりも良質な音は手に入らない。そのため最初から最高の音質で録音することが重要になる。初期はマイク1本で録音していたが、1960年代以降はマルチトラックレコーダーの登場で、複数のマイクから同時に録音できるようになった。複雑なアレンジが可能になっただけでなく、楽器ごとにマイクを割り当て、豊かで繊細な録音ができるようになった（次ページ）。

複数のマイクを使う際は、正しく配置することが重要になる。位相の問題や、録音場所に入ってくる余計な音は、後で修正するのが困難だからである。ゲインは高めにしてハム音やヒス音を排除するが、音が歪むほどには高くしない。

録音媒体に記録する情報量が多いほど、音質は高くなる。テープの場合は、走行スピードを上げて音質を高くする。デジタル機器ではサンプルレート（単位時間内に音の情報を取得する頻度）を音声の最高周波数の2倍にまで上げる必要がある。イギリス国内で流通しているCDは44.1kHzでサンプリングされ、最高周波数は22kHzである。デジタル処理の副産物である高次倍音の歪みを防ぐため、スタジオでは88.2kHz以上でサンプリングすることもある。

マイクに風が当たるとポップノイズやランブルが出る場合がある。野外ロケではマイクにデッドキャットと呼ばれる人工毛皮のウインドシールド（下）をつけてこれを防ぐ。水中での録音には専用のハイドロフォンを使用する（通常のマイクをコンドームで覆って使うこともある）。

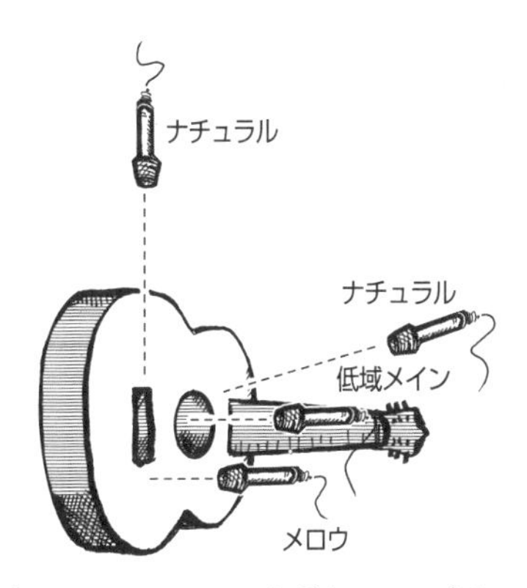

上：アコースティックギターのマイキング。ボーカルも同時録音するときはマイクの位置を慎重に決める。同じ音が距離の違いで時間的にわずかにずれて録音されると、位相の問題が発生する場合がある。

上：デリケートなボーカルマイクを息遣いから守り、歌手がマイクに近づき過ぎないようにするためポップガードが使われる。目の細かいガーゼ製のものもある。クローズドバックヘッドフォンを使えば、マイクに音を漏らさずに音声を聴ける。

上：ドラムセットのマイキング。十分なトラック数があれば、スネアの下とバスのフロント側にマイクを追加する。より柔軟な録音が可能になる。

上：ピアノのマイキング。弦に近いマイクでクリアな音を、離れた位置のマイクで豊かな音を拾う。ダンパーやペダルが発する機械的なノイズに注意する。

イコライザーとフィルター

バス、ミドル、トレブル

イコライザー（EQ）という音響機器が持つ電子的なフィルター機能を使えば、特定の周波数を増幅または減衰させられる。好ましくない音声や楽器の音を改善し、外部からのノイズを除去し、マイクやスピーカーのレスポンスの悪さを修正できる。本格的な録音の場合、各トラックの特徴的な音をEQで整え、それぞれの音を明瞭に聞き取れるようにすることが多い（次ページ）。

ハイファイ装置のトレブルノブとベースノブは、それぞれハイシェルフ、ローシェルフフィルターの例である。指定した周波数以上（または以下）のすべての周波数を操作する。バンドパスフィルターはミドルコントロールのように、指定した周波数の前後に作用する。

フィルターが作用する範囲はレゾナンス（またはQ）を調整して変更できる。交通騒音などを除去するローカットフィルターや、高い周波数のヒス音やデジタル回路のノイズを除去するハイカットフィルターなど、特定の周波数帯域を完全に除去するフィルターがある。ディエッサーは、ボーカルの歯擦音を自動的に除去するフィルターである。

EQを使うとき、複数の機器や機能を組み合わせる必要が生じることもある。グラフィックEQは、音声信号を1オクターブ以下の帯域に分割し、それぞれをコントロールできる（下）。パラメトリックEQは、フィルターを対象となる周波数に合わせ、Q設定を調整することで広い範囲をカバーできる。また特定の部分だけに鋭いピークやノッチをつけることも可能だ（次ページ下段）。

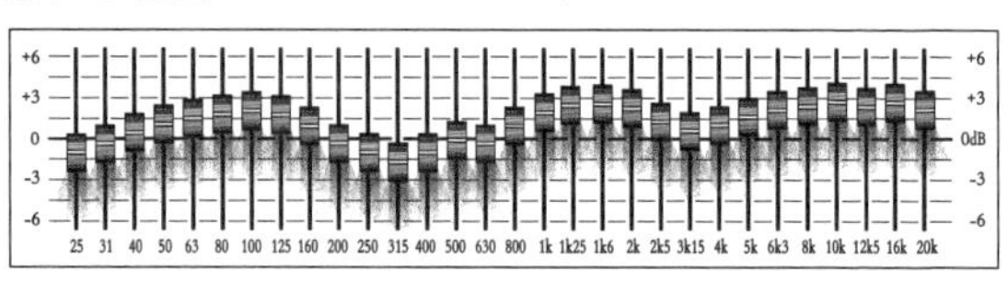

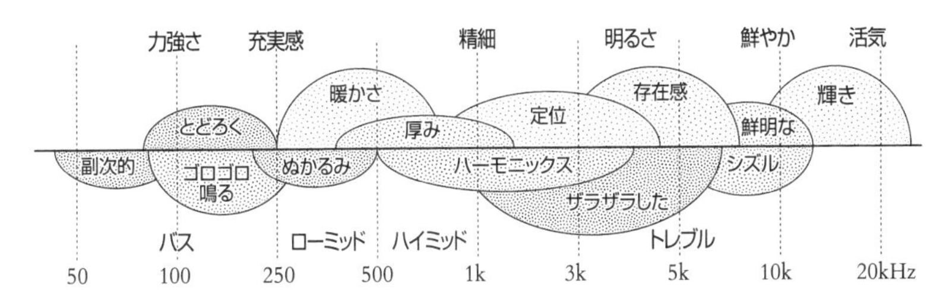

上：EQ早見表：様々な周波数の音を聞いたとき、どのように感じるか。

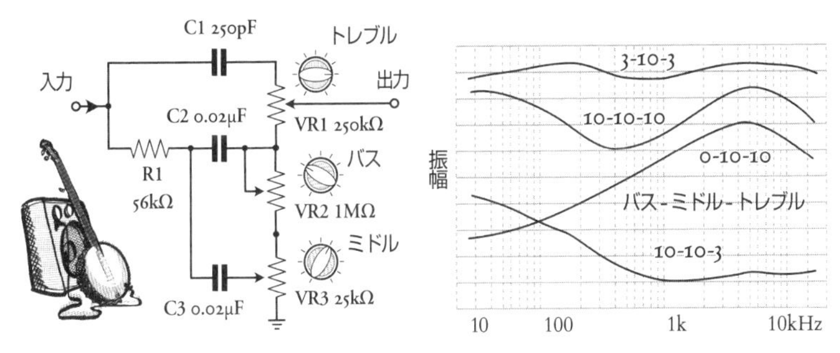

左上：3バンドEQ搭載ギターアンプの回路。右：ユーザーの細かい設定で、いかに幅広い音色のバリエーションが実現できるかを、周波数応答曲線が示している。

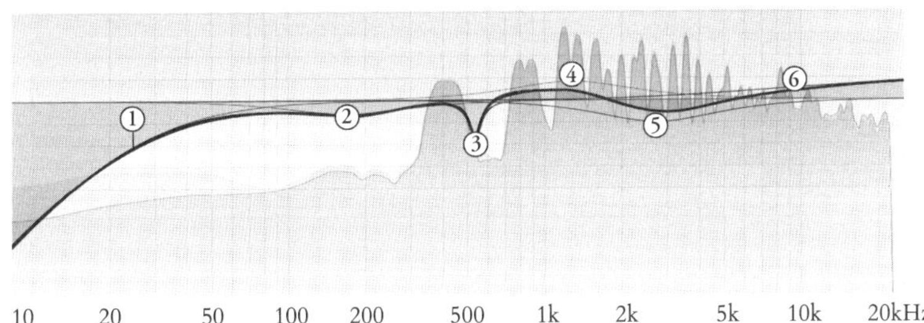

上：イコライザーソフトウェアには、多数のバンドを使い正確な制御を行うものが多い。
上図：1.ローカットフィルター、2.広帯域ローミッドスクープ、3.狭帯域ノッチフィルター、4.ハイミッドブースト、5.コンペンセーションディップ、6.ハイエンドブースト。特殊なリニアフェイズEQでは、周波数歪みを防ぐためバンド間の相互作用を排除している。

コンプレッサー

リミッター、ゲート、エクスパンダー

大半のオーディオシステムにとって、オーケストラもロックもダイナミックレンジが広過ぎる。その結果、音量が小さなパートは聞こえなくなり、大きなパートは大音響になるか歪んでしまう。

コンプレッサーはダイナミックレンジを絞り込む働きをする。あるパートの音量が小さければ上げ、大きければ下げる（下と次ページ）。ただし下手な使い方をすると不快感を与えるような音量変化になってしまう。一瞬一瞬の音を大きくしたいテレビコマーシャルでは、過剰なコンプレッションをすることがある。

リミッターは強力な圧縮を行うコンプレッサーとして機能し、録音時、設定した音量を絶対に超えないようにするブリックウォールモードがある。この場合、リミッターはシグナルチェーンの最後に接続しておく。音量が大きければ直ちに減らしくれる。また、リミッターが自動的に制限してくるので、設定を超えるのを恐れずに音量を上げられる。

ノイズゲートはスイッチの役割を果たし、閾値（次ページ中段）を超える信号は通過させ、超えない信号はカットする。録音時にハム音やヒス音が入るのを防ぐ。エクスパンダーの機能はさらに広く、閾値以下の音を音量に合わせて緩やかに圧縮する。ゲートリバーブは、ドラムセットのスプラッシュの音を劇的なものにする一方、ミックスに影響を与える前に信号を遮断できる。

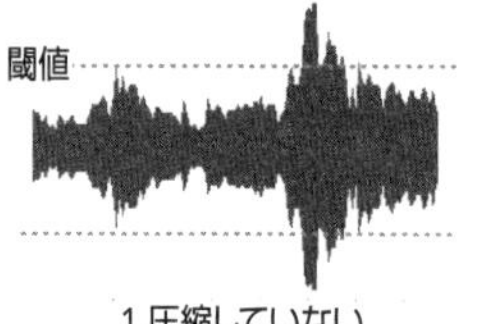

1.圧縮していない

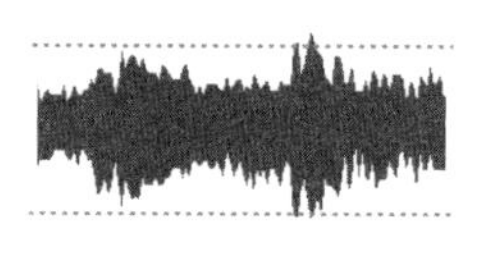

2.圧縮している

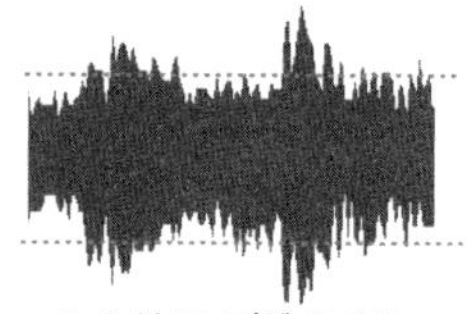

3.メイクアップゲインあり

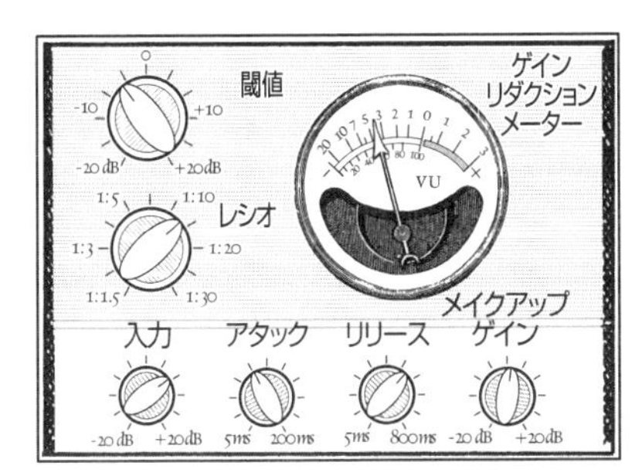

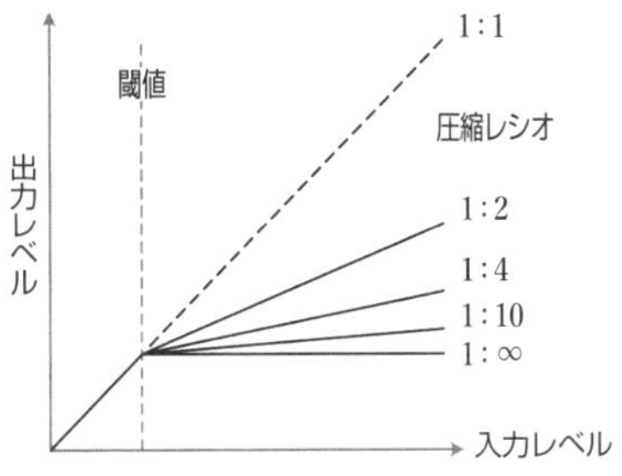

上：コンプレッサー。閾値のつまみで、信号の圧縮を開始する音量を設定する。レシオは圧縮する比率を設定し、比率が高いほど強い効果がかかる。圧縮後の信号はオリジナルより低いため、メイクアップゲインで出力を上げる。

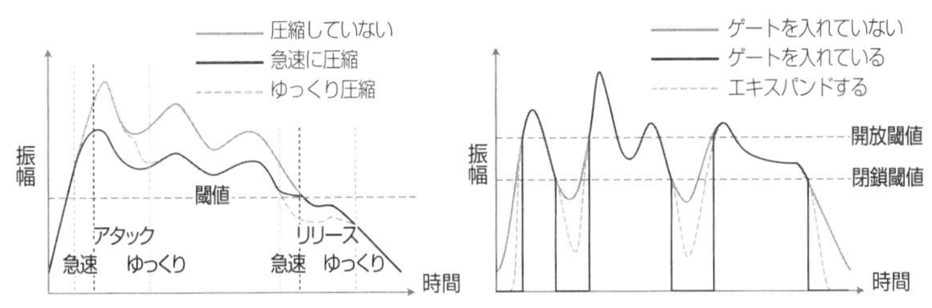

左上：閾値を超えてから圧縮が開始されるまでの時間をアタックで、閾値以下になってから圧縮を停止するまでの時間をリリースのつまみで設定する。一時的なピークがつくられたり、ポンピングが発生したりするのを防ぐ。**右：**ノイズゲート。ゲートの開閉の閾値が個別に設定されることが多い。

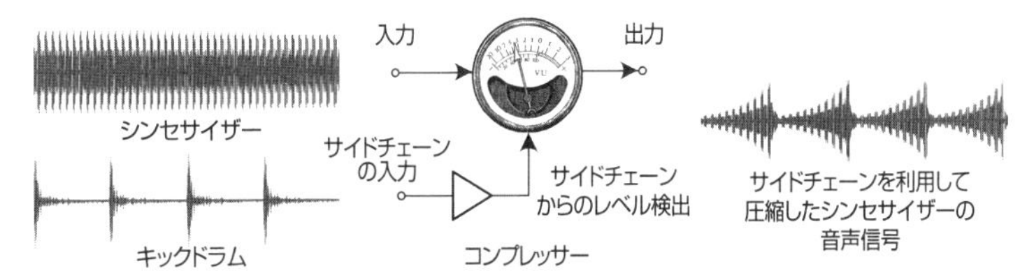

上：サイドチェーン。一部のコンプレッサーとゲートは、サイドチェーンからの入力によって音声信号を制御できる。ボーカルの信号がサイドチェーンから入ってきたときは、伴奏をダッキングさせる。あるいは一定レベルのシンセサイザーの信号を、重いキックドラムに合わせてリズミカルに下げるといった使い方をする。

ディレイとリバーブ

プレート、チェンバー、ループ

エコー（ディレイ）は、最初はテープを使ってつくられた（次ページ上段）。現代の電子回路によるディレイやデジタルディレイは、ディレイタイムと減衰の程度を正確にコントロールできる。ディレイとパンニング（音が聞こえる位置を左右に振る）を組み合わせたり、リバースさせたり（次第に原音がはっきりしていく）というトリックも使える。

リバーブは教会や洞窟内に響く音のように、より複雑な反射をエミュレートする（33ページ）。1980年代まで、スタジオでのリバーブはスプリングや金属板を通して音を再生したり、部屋を工夫したりしてつくられていた（次ページ下段）。現在では大半がデジタル化され、実在の場所をシミュレートするか、あるいはサンプリングしたデータを使っている。例えば、森の中で銃声を録音して音響特性を分析すれば、森の音響特性をコンボリューションリバーブとしてシミュレートできる（下）。バイノーラル録音したデータをコンボリューションリバーブのサンプルに使えば、ヘッドフォン用に立体感のあるリバーブにできる。リバーブを適度に使えば音を引き立てるが、過度に使うとミックスを圧倒してしまう。イコライザーやコンプレッサーを使って余裕を持たせるとよいだろう。

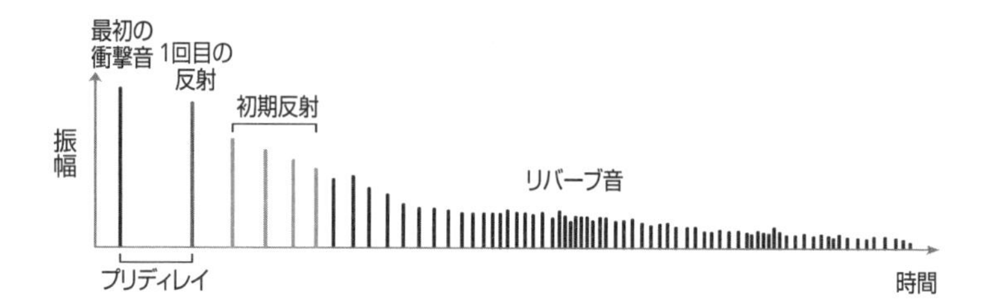

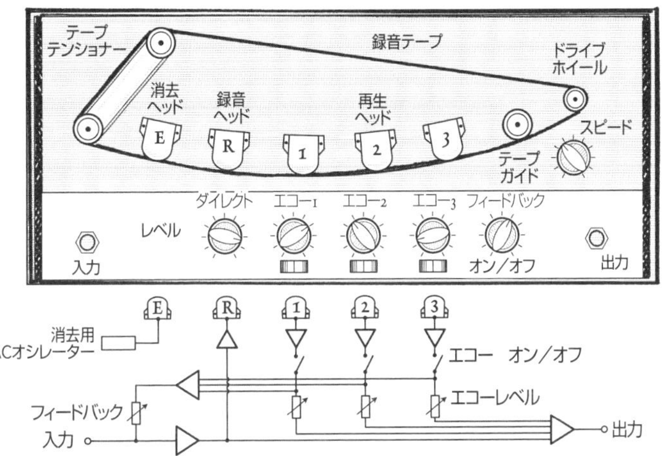

上：テープエコーユニット。短いエンドレステープに音声を録音する。テープが再生ヘッド1〜3を通過するたび、音声がエコーとして再生される。フィードバックコントロールは、ディレイを指示する信号でエコーの回数を定める。ディレイタイムはテープのスピードで決定する。

左上：プレートリバーブ。フレームから金属板を吊り下げた構造である。スピーカーが音を発すると金属板が振動する。その振動をトランスデューサーが拾い、きらめくような効果を実現する。右：アビーロードのリバーブチャンバー。特別に用意された部屋に音を流す。タイル張りの壁や硬い床面からの反射音をマイクで拾う。可動式の柱を動かせば複雑さを増せる。

エフェクターとエンハンサー

あまりにも美しい

鈍い音でもエフェクトを加えれば、特別感のある音に変身させられる。様々なエフェクトを試したり組み合わせたりするのは、とても楽しいものだ。

ディストーションやファズは、入力信号を増幅してから、正弦波の上下を切り取って矩形波にする。ギターで人気があり、ミックスの中でベースを押し出したり、ボーカルや他の楽器のエッジを効かせたりするのにも役立つ。

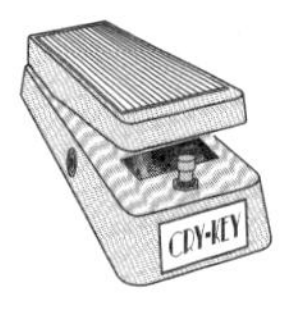

ギター用のペダル式エフェクターとして有名な**ワウ**は、ローパスフィルターかバンドパスフィルターを使って周波数を制御する。オートワウは、音のレベルに応じて自動的に音色を変化させる。ファンキーなベースやキーに向いている。

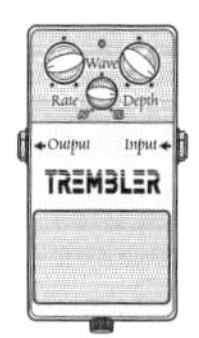

トレモロはカントリー、サーフ、サイケでよく使われる。低周波発振器（LFO）の信号によってレベルが急激に上下する。ビブラートも同様にLFOを使い、ピッチを緩やかに上下させる。

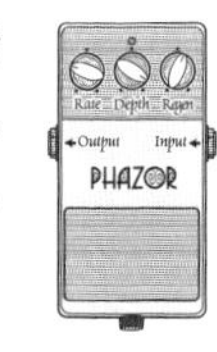

フェイザーは、わずかに位相をずらした信号を原音にミックスし、シューという感じのうねりを加える。干渉が生じ、複数のノッチを持つ櫛型フィルターがつくられる。そしてLFOが位相のずれを周期的に変えていく。

フランジャーは高高度を飛ぶジェット機のような音をつくる。複雑な櫛型フィルターが信号をわずかに遅延（1～10ミリ秒）させてから原音とミックスする。ディレイタイムはLFOによって変化し、レゾナンス/フィードバック制御によって生成されるロボット的な金属音が強調される。

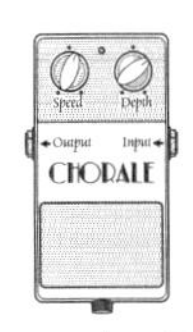

コーラスとアンサンブルのエフェクトは、原理的にはフランジャーと似ている。わずかに長いディレイタイム（5～20ms）はLFOによって変化し、複数の楽器が一緒に演奏しているような印象を与える。

オーラルエンハンサーは倍音に微妙な歪みを加え、音に活気を与える。ただし耳につく可能性があり多用は控えたほうがよい。

リングモジュレーターは本来なら鳴らない倍音を生み出す。奇妙な共鳴、地球外生命体のさえずり、倍音のぶつかり合いなど、この世のものとは思えないエフェクトを実現する。

ボコーダーも音を加工するが、周波数スペクトルを多数の周波数帯域に分割し、それらを個別に処理している。例えばマイクからの音声とキーボードから入力した音を処理すると、あたかもキーボードが歌っているように聞こえる。

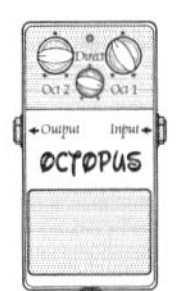

オクターバーは原音に、1または2オクターブ上か下の音を付け加える。元来はアナログ分周器によって実現していた機能だが、現在ではほとんどがデジタル化されている。ベースを太くしたり、非常に太いリードソロをつくったりするためによく使われる。

ピッチシフターは、信号をデジタル処理してピッチを変更する。ネズミの鳴き声をゴリラの吠え声にしたり、バリトンをソプラノにしたりできる。ハーモナイザーには、設定しておいたスケールに合ったピッチで出力するものもある。

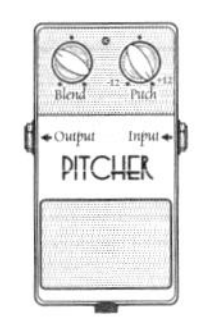

ピッチコレクターとオートチューナーは、音声信号を分析し、ずれているピッチをデジタル処理で補正する。不規則に発生するわずかなずれから、大きくずれているものまで様々なケースに対応できる。対応している楽器は多く、使い古された装置ではあるものの人気のボーカルエフェクターである。

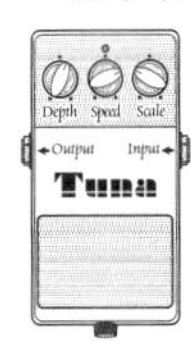

ミキシングとマスタリング

最後の調整

録音が完了すると、すべてのトラックをミックスする。ミキシングを適切に行えば、各要素の明瞭さが増し、個々の要素がはっきり区別できるようになる。

グループ化すれば、ドラムや弦楽器など複数のトラックに録音された楽器を、1つのユニット（次ページ上段）として扱える。またトラックをパンニングすれば、ステレオ化したサウンドスケープを構築できる。リード、ボーカル、ベースなど力強い音を中央に配し、バックボーカル、ドラム、キーボード、ギターはフィールド全体に展開して空間の広がりを感じられるようにする。

個々のトラックにエフェクトをかけるのではなく、信号の一部を分離してバスに送ることもできる。同じエフェクトプロセッサで複数のトラックを処理すれば、一貫性のある音（次ページ中段）が得られる。

オートメーションを使用すると、レベル、EQ、その他のパラメーターをソフトウェアで制御できる（下）。スピーカーを変えると奇妙な周波数やバランスの悪さが目立つことがあるが、環境を変えて聴けば、問題点を特定できる場合がある。

ミキシングが終わったデータは、マスターに記録される。ミキシングではいくつもの要素に目を配るが、マスタリングでは全体を第一に考える。マスタリングのチェーンでは他の録音データとともにミックスを聴き、ミックスに磨きをかけ音量を設定する（次ページ下段）。

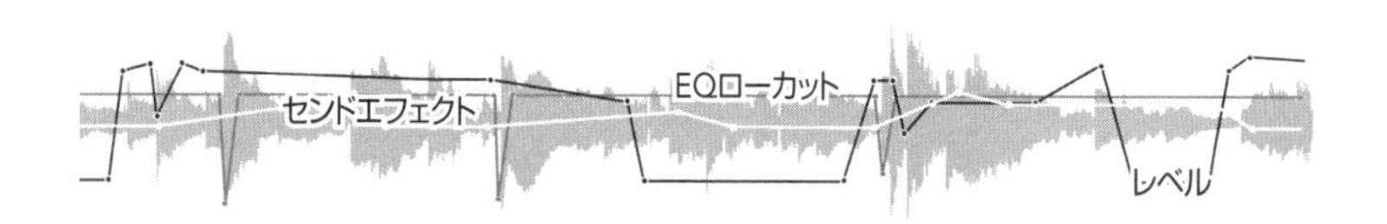

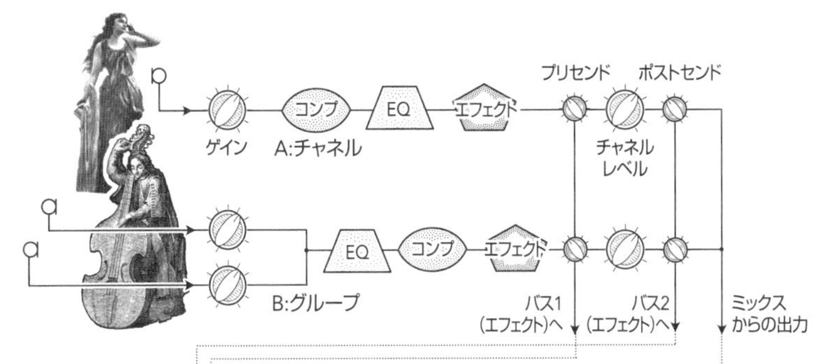

上：録音時の信号の経路。マイクからの入力ゲインはプリアンプで設定する。EQ、ダイナミクス、エフェクトはそれぞれのチャネル（A）またはグループ（B）単位で適用される。信号の一部はチャネルレベルの前（プリ）か後（ポスト）に、エフェクトのバスに送ることができる。

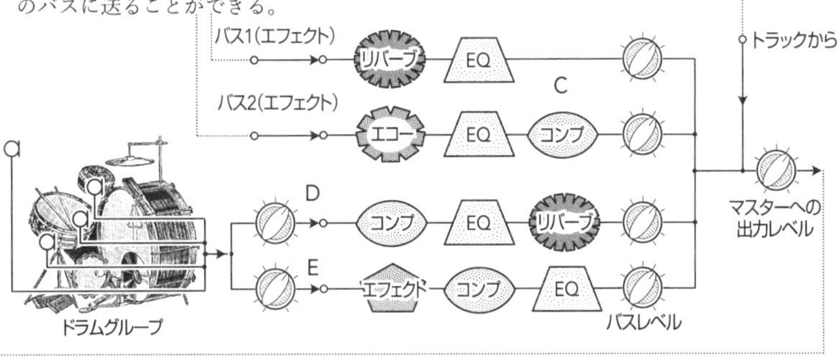

上：リバーブや他のアンビエントエフェクトなどのバスエフェクトをかけたデータをコンプレッサー、EQ、ゲートで処理してミックスに収める（C）。ドラムにインパクトを与えるなら、信号を分割して一方は通常どおり処理（D）し、もう一方はエフェクトをかけてから強くコンプレッションし、EQで処理してパンチを効かせる（E）。この2つをパラレルコンプレッションで混ぜる。

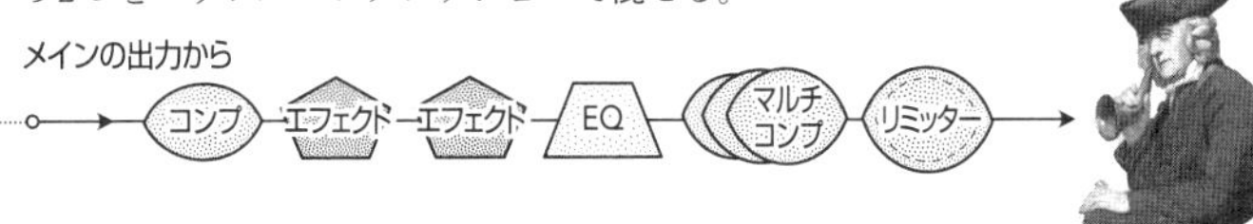

上：マスタリングのシグナルチェーン。軽いコンプレッションでトラックをまとめ、ワイドニングとオーラルエキサイターで輝きを与える。EQとマルチバンドコンプレッサーで若干処理を加えて音を整えるとともに、周波数のピークがふらついてポンピングを起こすのを防ぐ。最後にリミッターでレベルを設定する。

付録

様々な媒質中での音速	m/s	km/s	km/h	feet/s	mph
1気圧の乾燥した空気(20℃)	343.2	0.3432	1235.5	1236	768
乾燥した空気(0℃)	331.4	0.3314	1193	1087.3	741.3
湿度90%の空気(20℃)	344.5	0.3445	1240.2	1130.2	770.6
二酸化炭素(0℃)	258	0.258	928.8	846.5	577.1
淡水(0℃)	1403	1.403	5050.8	4603	3138.4
淡水(20℃)	1481	1.481	5331.6	4858.9	3312.9
表層の海水(10℃、塩分濃度35%)	1488.6	1.4886	5359	4883.9	3329.9
水深1kmの海水(4℃)	1482.9	1.4829	5338.4	4865.2	3317.2
水深5kmの海水(2℃)	1543.7	1.5437	5557.3	5064.6	3453.2
氷(0℃)	1826	1.826	6573.6	5990.8	4084.6
鋳鉄	4994	4.994	17978	16385	11171
ガラス(パイレックス)	5640	5.640	20304	18504	12616
大陸地殻(p波に近似)	7400	7.4	26640	24278	16553
ダイヤモンド	12000	12	43200	39370	26843
固体水素(理論上の最大値)	35406	35.406	127460	116160	79200

様々な物体や内装材の吸音率

物質	125 Hz	250 Hz	500 Hz	1 kHz	2 kHz	4 kHz
椅子(布張り)	0.6	0.74	0.88	0.96	0.93	0.85
石膏ボード(12mm)	0.29	0.1	0.06	0.05	0.04	0.04
人間(大人)	0.25	0.35	0.42	0.46	0.5	0.5
木の床	0.24	0.19	0.14	0.08	0.13	0.1
金属張りの床(25mm)	0.19	0.69	0.99	0.88	0.52	0.27
ガラス板(6mm)	0.18	0.06	0.04	0.03	0.02	0.02
カーテン生地(476g/ m²)	0.05	0.07	0.13	0.22	0.32	0.35
レンガ(ナチュラル)	0.03	0.03	0.03	0.04	0.05	0.07
絨毯(アキスミンスター織り)	0.01	0.02	0.06	0.15	0.25	0.45
石膏	0.01	0.02	0.02	0.03	0.04	0.05
大理石、コンクリート	0.01	0.01	0.01	0.01	0.02	0.02
水や氷の表面	0.008	0.008	0.013	0.015	0.02	0.025

様々なテンポ(BPM)での音の長さごとのディレイタイム

音	BPM	60	70	80	90	100	110	120	130	140	150	160	170	180
1/4	ディレイタイム(ms)	1000	857	750	667	600	545	500	462	429	400	375	353	333
1/8		500	429	375	333	300	273	250	231	214	200	188	176	167
1/16		250	214	188	167	150	136	125	115	107	100	94	88	83
1/32		125	107	94	83	75	68	63	58	54	50	47	44	41

著者●スティーヴ・マーシャル
マルチに活躍するミャージシャン、作家。BBCラジオフォニック・ワークショップ（BBCの音響効果ユニット）で働きながら、数多くのテレビ・映画の音楽を作曲・録音してきた。考古学にも造詣が深く、著作に*Exploring Avebury: The Essential Guide*（History Press）など。

訳者●山崎正浩（やまざき まさひろ）
英文訳者。訳書に『シュレディンガーの猫：実験でたどる物理学の歴史』、『折り紙と数学』、『決定版 コンピュータサイエンス図鑑』（いずれも創元社）など。

「音」の秘密 原理と音楽・音響システム

2024年4月20日　第1版第1刷発行
2024年7月30日　第1版第2刷発行

著　者　スティーヴ・マーシャル
訳　者　山崎正浩
発行者　矢部敬一
発行所　株式会社 創元社
〈本　　社〉
〒541-0047 大阪市中央区淡路町4-3-6
TEL.06-6231-9010（代）　FAX.06-6233-3111（代）
〈東京支店〉
〒101-0051 東京都千代田区神田神保町1-2 田辺ビル
TEL.03-6811-0662（代）
https://www.sogensha.co.jp/

印刷所　TOPPANクロレ株式会社
装　丁　WOODEN BOOKS

ISBN978-4-422-21552-5 C0373